项目3　校园课外时光——电影报道

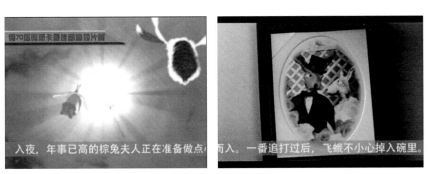

项目3　项目拓展——棕兔夫人

项目4　校园电台放送——旅行的意义

项目4　校园电台放送——旅行的意义（续）

第2单元　影楼写真制作篇

项目1　个人写真——个性写真专辑

项目1　项目拓展——个性写真专辑

项目2　集体写真——毕业纪念册

项目2　项目拓展——童年纪念册

第3单元　电视广告宣传制作篇

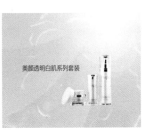

项目1　广告宣传片——时尚追踪

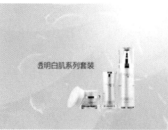

项目1　项目拓展——更换文字特效

项目2　城市宣传片——绿道

项目2　项目拓展——自由编辑视频

项目3　儿童节目片——池上

项目3　项目拓展——更换特效、添加旁白

项目3　项目拓展——更换特效、添加旁白（续）

第4单元　微电影制作及新闻采访制作篇

项目1　《疍家渔歌》开篇

项目1　项目拓展——制作影片黑边框

项目2 《疍家渔歌》祝寿片段

项目2 项目拓展——老电影效果

项目3 《疍家渔歌》片尾

项目4 微电影新闻采访

项目4 项目拓展——导演采访

职业教育数字媒体技术应用专业系列教材

数字影像编辑项目教程

—— Premiere

主　编　何林灵　刘　娟

副主编　彭夏冰　梁　波

参　编　邓惠芹　赵耀威　张天傲

机械工业出版社

本书采用项目案例方式针对Premiere Pro CS6的实际应用进行讲解。本书共4个单元，第1单元为校园影视制作篇，运用4个项目案例介绍了视频剪辑、字幕、视频特效、视频转场和音效的应用；第2单元为影楼写真制作篇，运用2个项目案例介绍了影楼写真的制作；第3单元为电视广告宣传制作篇，运用3个商业项目分别介绍了行业宣传片的制作；第4单元为微电影制作及新闻采访制作篇，运用《置家渔歌》这个微电影项目案例进行讲解，并加入了围绕微电影宣传制作的电视台新闻采访。各案例针对不同的市场需求，深入浅出，便于读者分类学习。

为了方便读者学习，本书配套资源中包含了书中所有案例的项目文件。读者在学习过程中，可以用Premiere Pro CS6打开项目文件进行对照学习。此外，配套资源中还包含了各项目所需的素材文件和最终渲染文件以及案例的多媒体教学录像。本书可作为各类职业院校数字媒体技术应用专业及相关专业的教材，也适合Premiere Pro CS6初学者、DV制作爱好者和有一定Premiere使用经验的读者参考使用。

图书在版编目（CIP）数据

数字影像编辑项目教程：Premiere/ 何林灵，刘娟主编．—北京：机械工业出版社，2015.8
(2024.1 重印)

职业教育数字媒体技术应用专业系列教材

ISBN 978-7-111-51083-3

Ⅰ．①数… Ⅱ．①何… ②刘… Ⅲ．①视频编辑软件—职业教育—教材 Ⅳ．①TN94

中国版本图书馆CIP数据核字（2015）第 180170 号

机械工业出版社（北京市百万庄大街 22 号 邮政编码 100037）
策划编辑：梁 伟 责任编辑：蔡 岩
责任校对：刘怡丹 封面设计：鞠 杨
责任印制：单爱军

北京虎彩文化传播有限公司印刷

2024年1月第1版第10次印刷
184mm×260mm·15印张·4插页·322千字
标准书号：ISBN 978-7-111-51083-3
定价：46.00元

电话服务 网络服务
客服电话：010-88361066 机 工 官 网：www.cmpbook.com
        010-88379833 机 工 官 博：weibo.com/cmp1952
        010-68326294 金 书 网：www.golden-book.com
封底无防伪标均为盗版 机工教育服务网：www.cmpedu.com

前　言

　　Premiere Pro CS6是为视频编辑爱好者和专业人士准备的必不可少的编辑工具。它可以提升读者的创作能力和创作自由度，是一款易学、高效、精确的视频剪辑软件。Premiere提供了采集、剪辑、调色、美化音频、字幕添加、输出、DVD刻录的一整套流程，并和其他Adobe软件高效集成，使读者足以完成在编辑、制作、工作流程上遇到的挑战，满足读者创建专业作品的要求。

　　本书案例应用领域广泛，涉及视频剪辑、电子相册、电视栏目包装、宣传片的制作，满足了不同读者、不同层次的需要。本书每一项目按照"项目情境→项目分析→必备知识→项目实施→项目拓展→项目评价"的思路进行编排。本书语言简洁、内容丰富，适合以下人员使用：

- 中职动漫影视相关专业的师生
- 计算机培训班学员
- 视频编辑爱好者
- 初、中级专业视频编辑人士
- 电子相册制作人员
- 婚纱影楼设计人员
- 多媒体制作人员
- 微电影制作人员

　　通过本书的学习，读者可以了解影视视频特效制作的原理，能够运用非线性编辑对视频进行熟练的剪辑，能够将Premiere与其他计算机绘图及动画制作软件结合应用。理解影视制作的后期合成流程，能够独立完成一部微电影创作。

　　本书配套资源中包含了书中案例的项目文件，读者在制作过程中，可以用Premiere Pro CS6打开对照学习。此外，本书配套资源中还包含了各项目所需的素材文件和最终的渲染文件以及案例的多媒体教学录像，方便读者学习。

　　本书教学学时分配建议如下：

教 学 内 容		实 操 学 时	理 论 学 时
第1单元　校园影视制作篇	项目1　校园视频介绍——校园风光	2	2
	项目2　学生作品展览——艺术沙龙	2	2
	项目3　校园课外时光——电影报道	2	2
	项目4　校园电台放送——旅行的意义	2	2
第2单元　影楼写真制作篇	项目1　个人写真——个性写真专辑	2	1
	项目2　集体写真——毕业纪念册	2	1

（续）

教 学 内 容		实 操 学 时	理 论 学 时
第3单元　电视广告宣传制作篇	项目1　广告宣传片——时尚追踪	3	1
	项目2　城市宣传片——绿道	3	1
	项目3　儿童节目片——池上	4	1
第4单元　微电影制作及新闻采访制作篇	项目1　《疍家渔歌》开篇	4	1
	项目2　《疍家渔歌》祝寿片段	4	1
	项目3　《疍家渔歌》片尾	4	1
	项目4　微电影新闻采访	4	1
合　　计		38	17

　　本书由何林灵、刘娟任主编，由彭夏冰、梁波任副主编，参与编写的还有邓惠芹、赵耀威、张天傲。

　　由于编写时间仓促，加之编者水平有限，书中难免存在疏漏和不足之处，恳请各位读者批评、指正。

编　者

目　　录

第1单元

校园影视制作篇

本单元为校园影视制作篇，主要由水晶印象校企工作室为桂花中学校园电视台制作。桂花中学校园电视台准备推出新栏目，其中包括校园视频介绍、学生作品展览、校园课外时光和校园电视台放送，并专门邀请水晶印象校企工作室制作4个新栏目的影视宣传片。这是水晶印象校企工作室在接触企业外单前，特别为校园电视台制作与服务，由工作室的指导教师兼导演指派任务，交付给实习生的工作任务，通过分工合作，完成桂花中学校园电视台的影视宣传片制作。本篇共分为4个项目进行讲解和制作，同时将影视基础知识和Premiere基础知识融汇其中，在制作过程中既锻炼了学生的技能，也为接洽企业外单培养了技能型人才。通过本单元项目的学习，读者可以快速了解并掌握Premiere的剪辑入门知识，为后续单元的学习打下坚实的基础。

▶▶▶ 学习目标

知识目标：掌握Premiere的基本操作及简单视频剪辑
技能目标：能通过Premiere软件制作完整的视频宣传片
情感目标：培养学生团队协作能力和模拟接单运作能力

项目1 校园视频介绍——校园风光 ＜＜＜

■ 项目情境

桂花中学校园电视台近期推出了新栏目"校园视频介绍"，栏目主要以介绍校园为主题，制作一档面向来校园参观的嘉宾领导及教师的栏目，能让来校交流的嘉宾更快地了解校园的整体风貌，感受学生的朝气蓬勃。

水晶印象校企工作室的卢导接到桂花中学校园电视台郑制片对本栏目的具体制作要求后，立即开始设计栏目剧本和分镜，同时分配任务，分成两个工作部门让实习生进行分工合作，两个部门分别为前期拍摄组和影视后期组。前期拍摄组的学生通过和本市电视台联系，借用到大型拍摄机器，在校园内不同景观及各项校园活动中进行实景拍摄，同时用卢导的剧本和分镜邀请了不同班级的教师和学生进行摆拍拍摄，最终形成影视素材；影视后期组的学生先利用网络资源寻找适合本栏目的音乐素材和基本影视素材，待前期拍摄组拍摄完成校园影视素材后，开始着手剪辑合成视频。

◆ 项目分析

"校园视频介绍"栏目以"校园风光"为本次任务的主题，制作体现校园多姿多彩的人文风景宣传片，此栏目由前期拍摄组进行拍摄，由影视后期组进行素材收集及剪辑制作。卢导要求宣传片剪辑要符合大场景切换小场景，剪辑主线要表达出城市和学校的朝气蓬勃，时长为1min左右，时序以片头、城市与校园风光、学生为剪辑顺序。影视后期组将对卢导的要求进行"校园风光"的影视剪辑。同时通过本项目的学习，能理解非线性编辑的基本概念；理解电视制式、帧速率、场等有段视频合成的概念；通过导入素材了解整个Premiere界面及应用，熟练掌握时间线窗口的使用。

项目最终效果图如图1-1所示。

图　1-1

◆ 必备知识

在制作本项目之前，须具备以下知识：视频拍摄的简单技巧，从DV或摄像机中导出视频素材的方法以及在互联网中搜索视频图像及音频素材的方法。

基本知识

非线性编辑是一门综合性技术，它覆盖的领域涉及电视技术和计算机技术，主要包括音频技术、视频技术、数字存储技术、数字压缩技术、数字图像处理技术、计算机图形学和网络技术等多种技术。

在Premiere中的编辑过程就是非线性的，可以在任何时候插入、复制、替换、传递和删除素材片段，还可以采取各种各样的顺序和效果进行试验，并在合成最终影片或输出到磁带前进行预演。

在启动Premiere开始进行影视制作时，必须首先创建新的项目文件或打开已存在的项目文件，这是Premiere最基本的操作之一。

◆ **项目实施**

1. 新建项目和序列

1）新建项目文件分两种方式，一种是启动Premiere软件时直接新建一个项目文件，另一种是在Premiere启动状态下新建项目文件。

①启动Premiere软件，单击"新建项目"按钮，弹出"新建项目"对话框，如图1-2所示。

②如果Premiere已经启动，可利用菜单命令新建项目文件，单击"文件"→"新建"→"项目"（或按<Ctrl+Alt+N>组合键），如图1-3所示。

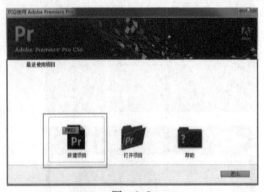

图 1-2　　　　　　　　　　　　　　　图 1-3

小提示：

如果正在编辑项目文件，那么当要采用第二种方法新建项目文件时，系统会将当前编辑项目文件关闭，因此，采用此种方法新建项目文件之前一定要保存当前项目文件，以防数据丢失。

2）在"新建项目"对话框中，"常规"选项卡中均为默认设置，单击"位置"选项右侧的"浏览"按钮，设置项目存储路径。在"名称"后的文本框中设置名称为"校园风光"，如图1-4所示。

图 1-4

3）单击图1-4中的"确定"按钮后，系统自动弹出"新建序列"对话框，在"序列预设"选项卡中展开"DV-PAL"制式下的"标准48kHz"，修改序列名称为"校园风光"，如图1-5所示。单击"确定"按钮后进入Premiere工作界面，如图1-6所示。

图　1-5

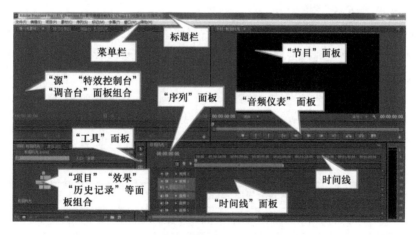

图　1-6

基本知识

在"序列预设"选项卡下，"预设描述"选项区域中会罗列出所选制式的相应项目信息，如图1-7所示。其中包含了扫描信息、场信息、电视制式信息及帧速率等。

扫描：通过电子束、无线电波等左右移动在屏幕上显示出画面或图形。PAL制式采用每帧625行扫描，NTSC制式采用每帧525行扫描。画面扫描分为逐行扫描和隔行扫描。

场：视频中因为逐行扫描和隔行扫描的原因，在采用隔行扫描方式进行播放的设备中，每一帧画面都会被拆分开进行显示，而拆分后得到的残缺画面就称为"场"，分开进行显示的分别为奇数场和偶数场，如图1-8所示。在软件处理中称为上场（高场）和下场（低场）。

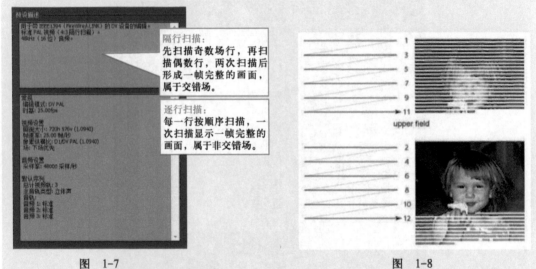

图 1-7   图 1-8

电视制式：世界上现行的彩色电视制式有3种，见表1-1。

①NTSC制（National Television System Committee）（简称N制）：是1952年由美国国家电视标准委员会指定的彩色电视广播标准，它采用正交平衡调幅的技术方式，故也称为正交平衡调幅制。

②PAL制（Phase Alternation Line）：是前联邦德国在1962年指定的彩色电视广播标准，它采用逐行倒相正交平衡调幅的技术方法，克服了NTSC制相位敏感造成色彩失真的缺点。

③SECAM制：SECAM是法文的缩写，是法国在1956年提出的，意为顺序传送彩色信号与存储恢复彩色信号制，1966年制定为新的彩色电视制式。它采用时间分割法来传送两个色差信号，克服了NTSC制式相位失真的缺点。

帧速率：PAL制式的播放设备使用的是25幅/s的画面，也就是25帧/s。

表1-1　彩色电视制式

电视制式	使用国家（地区）	水平线	帧频
NTSC	美国、加拿大、日本、韩国、中国台湾及东南亚地区等	525线	29.97帧/s
PAL	德国、英国等西欧国家、澳大利亚、中国大陆、中国香港、新加坡及新西兰等	625线	25帧/s
SECAM	法国、俄罗斯、东欧、中东及非洲大部分国家	625线	25帧/s

2. 导入素材

进入Premiere工作界面后，在"菜单栏"中选择"文件"→"导入"命令，弹出"导入"对话框，选择"Chap1.1校园风光\素材\ 01.avi、02.avi、03.avi和04.avi"文件，单击"打开"按钮，导入视频文件，如图1-9所示。导入后文件呈现在"项目"面板中，如图1-10所示。

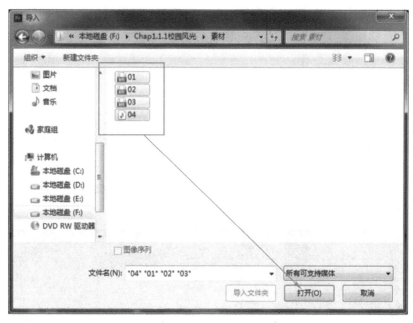

图 1-9

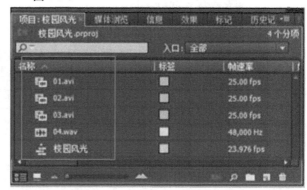

图 1-10

小提示：

导入文件可单个文件导入，也可以多个文件同时导入。多个文件同时导入需选择一个文件后，按住<Ctrl>键再单击其他文件，即可同时选中多个所需的文件。

导入快捷键为<Ctrl+I>

基本知识

"项目"面板主要用于输入、组织和存放供"时间线"面板编辑合成的原始素材。在"项目"面板中可通过选择单击 ▢ 和 ▤ 进行"图标视图"（组合键为<Ctrl+Page Down>）和"列表视图"（组合键为<Ctrl+Page Up>）的切换，也可以单击"项目"面板右上方的 ▤ 按钮，在弹出的菜单栏中进行选择切换，如图1-11所示。

图 1-11

在"图标视图"状态下，将鼠标指针置于视频图标上左右移动，可以查看不同时间点的视频内容。

在"列表视图"状态下，可以查看素材的基本属性，包括素材的名称、媒体格式、视音频信息、数据量等。

3. 更改素材名称

将"项目"面板切换为列表视图，双击"01.avi"素材，可以在监视器窗口"源"面板中单击"播放"按钮 ▶ 查看素材文件内容，如图1-12所示。查看完毕后再次单击"项目"面板中的"01.avi"素材，更改名称为"片头"，如图1-13所示。按同样方法，依次查看"02.avi""03.avi""04.avi"素材内容并更改素材名称为"学生""城市与校园风光""背景音乐"，如图1-14所示。

图 1-12

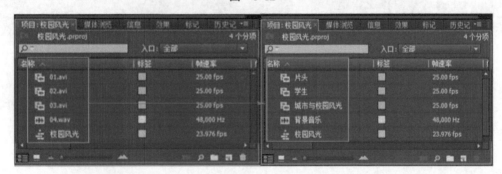

图 1-13   图 1-14

小提示：

也可在"项目"面板中的素材上单击鼠标右键，在弹出的快捷菜单中选择"重命名"命令，对素材进行重命名。

4. 编辑视频

1）在"项目"面板中，选中"片头"素材并将其拖曳到"时间线"面板中的"视频1"轨道中，如图1-15所示。

图 1-15

2）在"时间线"面板上选择素材并单击鼠标右键，在弹出的快捷菜单中选择"解除视音频链接"命令，将原素材文件视频与声音分离，如图1-16所示在"音频1"轨道中删除原素材文件声音。

3）依次将素材"学生"和"城市与学校风光"拖曳到"时间线"面板中的"视频1"轨道中，解除视音频链接。

图 1-16

小提示：

在解除视音频链接时，可将不需要的原素材音频删除，替换已在录音棚里录制好的声音或音乐，也可以保留音频，删除不需要的视频。

4）在监视器窗口"节目"面板上单击"播放"按钮 ，可预览时间线上的视频，如图1-17所示。

图 1-17

5）在"时间线"面板中，将时间指示器放置在00:00:21:07的位置，选择工具面板上的"剃刀"工具 ，在指定的位置上单击，将素材切割为两个素材，如图1-18所示。

图 1-18

小提示：

在"时间线"面板上需定位精确时间，可通过单击"节目"面板上的"逐帧进"按钮 和"逐帧退"按钮 进行精确定位。每单击一次"逐帧进"或"逐帧退"按钮，视频就会前进或后退一帧，也可在键盘方向键上按住<→>和<←>键进行逐帧进退。按住<Shift>键的同时单击按钮，每次前进或后退5帧。

精确定位时间亦可单击"时间线"面板左上角时间码 00:00:00:00 ，出现闪烁光标即可进行数字编辑，输入指定的时间进行定位 00:00:21:07 。

6）与第5步同理，将时间定位在00:00:26:11的位置，选择"剃刀"工具 ✎ ，将近景拍摄学生的画面素材单独切割出来；将时间定位在00:00:34:22的位置，再次单击"剃刀"工具，将"学生"素材片段结尾分离，自此"学生"素材片段总共切割出四小段。

7）单击工具栏上的"选择"工具 ▶ ，在"时间线"面板上移动分离的素材进行位置调换。单击"学生"素材第二段，拖曳到"视频2"轨道中，将"学生"素材第三段移动至"学生"素材第一段之后，将"视频2"轨道中的"学生"素材第二段拖曳回"视频1"轨道中，如图1-19所示。

图 1-19

8）与第7）步同理，将"城市与校园风光"视频素材与全部"学生"视频素材进行位置互换，如图1-20所示。

图 1-20

小提示：

单击"时间线"面板上的"吸附"按钮 ⬚ ，拖曳素材时素材将会自动黏合到邻近素材边缘。

9）将素材"背景音乐.mp3"拖曳到时间线面板中的"音频1"轨道中，如图1-21所示。

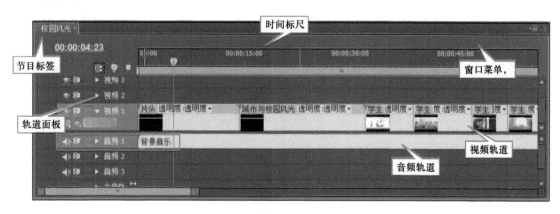

图　1-21

基本知识

"时间线"面板：Premiere的核心部分，在编辑影片的过程中，大部分工作都是在"时间线"面板中完成的。通过"时间线"面板，可以轻松地实现对素材的剪辑、插入、复制、粘贴、修整等操作，如图1-22所示。

"监视器"窗口："监视器"窗口分为"源"面板和"节目"面板，分别如图1-23和图1-24所示，所有编辑或未编辑的影片片段都在此显示效果。

图　1-22

图　1-23

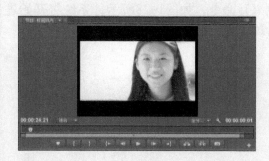

图　1-24

5. 影片实时预演

1）在渲染输出前，可以对影片进行实时预演，也叫实时预览，即平常所说的预览。在"时间线"面板中将时间标记移动到需要预演的片段开始位置，如图1-25所示。

2）在"节目"监视器面板中单击"播放"→"停止切换"按钮 ▶ ，系统开始播放节目，在"节目"监视器窗口中预览节目的最终效果，如图1-26所示。

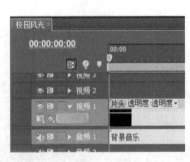

图 1-25 　　　　　　　　　图 1-26

6. 生成影片预演

1）在"时间线"面板中拖曳工具区范围条的两端，以确定要生成影片预演的范围，如图1-27所示。

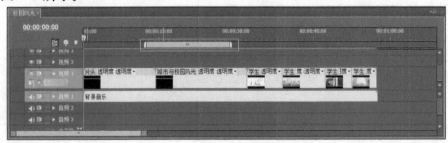

图 1-27

2）选择"序列"选项卡下的"Render Effects in Work Area"（渲染工作区域内的效果）命令，如图1-28所示，系统将开始进行渲染，并弹出"正在渲染"对话框显示渲染进度，如图1-29所示。

图 1-28

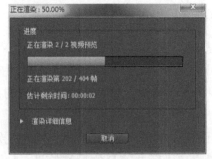

图 1-29

3）渲染结束后，系统会自动播放该片段，在"时间线"面板中，预演部分会呈现绿色线条，其他部分则保持红色线条，如图1-30所示。

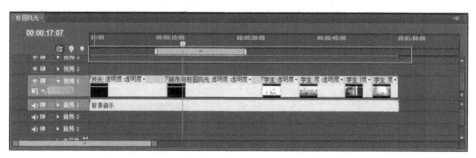

图 1-30

小提示：

如果用户预先设置了预演文件的保存路径，那么就可在计算机的硬盘中找到预演生成的临时文件，如图1-31所示。双击该文件，则可以脱离Premiere来进行播放。生成的预演文件可以重复使用，用户下一次预演该片段时会自动使用该预演文件。在关闭该项目文件时，如果不进行保存，那么预演生成的临时文件会自动删除；如果用户在修改预演区域片段后再次预演，那么就会重新渲染并生成新的预演临时文件。

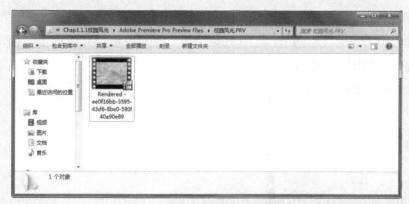

图 1-31

7. 渲染输出

1）在"时间线"面板选择需要输出的视频序列，然后选择"文件"→"导出"→"媒体"命令，在弹出的对话框右侧的选项区域中进行文件格式及输出区域等设置，设置输出格式为Microsoft AVI，预设为PAL DV，勾选"导出视频"和"导出音频"复选框，如图1-32所示。

图 1-32

在Premiere中，既可以将影片输出用于电影或电视播放的录像带，也可以用于网络传输的网络流媒体格式，还可以制作DVD光盘的AVI文件等，如图1-33所示。

在Premiere中，默认输出文件类型或格式主要有以下几种：

①输出为基于Windows操作系统的数字电影，选择"Microsoft AVI"选项（Windows格式的视频格式）。

②输出为基于Mac OS操作系统的数字电影，选择"QuickTime"选项（MAC视频格式）。

③输出GIF动画，选择"Animated GIF"选项，即输出的文件连续存储了视频的每一帧，这种格式支持在网页上以动画形式显示，但不支持声音播放。若选择"GIF"选项，则只能输出为单帧的静态图像序列。

只输出为WAV格式的影片声音文件，选择"Windows Waveform"选项。

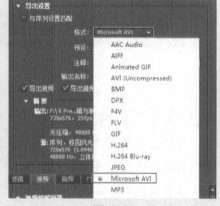

图 1-33

2）单击"队列"按钮，跳转至Adobe Media Encodr界面，如图1-34和图1-35所示。单击"Start Queue（Return）"（开始渲染） ▶ 按钮，开始导出视频，输出完毕后，关闭窗口，如图1-36所示。

图 1-34

图 1-35

图 1-36

小提示:

导出视频也可以直接在"导出设置"对话框中单击"导出"按钮,将导出制作完成的视频,如图1-37所示。

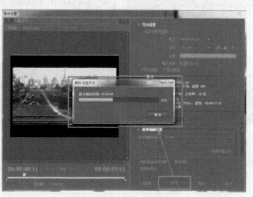

图 1-37

8. 保存项目

选择"文件"→"保存"命令,将项目文件进行保存,如图1-38所示。

9. 项目审核和交接

1)本项目由工作室成员完成后,交由工作室主管审核。

2)经过主管审核后,需修改的部分进行首次修改。

3)再由主管交付至客户审核,根据客户的意见,工作室成员进行第二次修改。

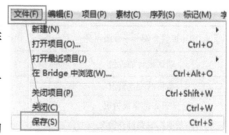

图 1-38

4)一般经过两到三次的修改后,最终完成项目的审核和交接。

◆ 项目拓展

请读者利用本书配套资源"Chap1.1 校园风光/项目拓展"文件夹内的素材进行制作。

制作要求:

1)在源文件中导入素材文件"04.avi"和"05.avi",在"项目"面板中分别更改素材名称为"学生2""城市与校园风光2",效果如图1-39所示。

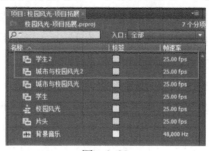

图 1-39

2）在源文件中将"城市与校园风光"替换为"城市与校园风光2"，将"学生"前两段视频替换为"学生2"，并导出视频文件，效果如图1-40所示。

图 1-40

■ 项目评价

在本项目中，通过学习理解非线性编辑的基本概念，理解电视制式、帧速率、场等有关视频合成的知识点。同时选取校园风光这个项目来了解校园电视台栏目制作流程，以及对Premiere软件基本知识点的掌握。通过本项目的学习，做一个项目评价和自我评价，见表1-2。

表1-2 项目评价和自我评价

校园视频介绍——校园风光	很满意	较满意	有待改进	不满意
项目设计的评价				
项目的完成情况				
知识点的掌握情况				
与本组成员协作情况				
客户对项目的评价				
自我评价				

项目2 学生作品展览——艺术沙龙 <<<

■ 项目情境

迎来毕业之际，桂花中学设计部决定举办一次学生作品展览，促进各年级之间的设计交流和学习，同时为了吸引更多的学生和社会各界的指导，希望借助校园电视台的"学生作品展览"这一栏目，制作一个视频进行宣传。桂花中学校园电视台的"学生作品展览"栏目正是以展现本校不同专业学生的作品，一展学生的风采而设立的，校园电视台的郑制片向水晶印象校企工作室的卢导提出了制作宣传片的要求。

卢导根据提出的要求，同时结合桂花中学设计部的专业分类编写了相关文案，同时建议代表性作品结合文字介绍，以达到快速播放和传播的效率。本项目由水晶印象校企工作室制作，交由桂花中学设计部初审，最后交由桂花中学校园电视台编辑部终审。

卢导将此工作指派给工作室影视后期组，由桂花中学设计部提供作品素材，工作室影视后期组将作品图片素材与音乐素材相结合，剪辑合成动画视频。

◆ 项目分析

以设计部学生设计的作品为素材，设置本期栏目主题为"艺术沙龙"，影视后期组进行作品动画特效切换处理，加上背景音乐素材并剪辑合成。卢导要求视频剪辑主线为突出展现作品，单幅作品展现时长5s左右，视频总时长1min左右，时序以不同专业作品进行分类剪辑。通过本项目的剪辑合成，使学生能掌握在静止图像素材之间建立丰富多彩的切换特效方法，使得剪辑的画面更加富于变化，更加生动多姿。

◆ 必备知识

在制作本项目之前，须具备以下知识：在Premiere中新建项目序列、导入图片与音乐素材以及导出最终视频的方法。

基本知识

转场切换效果包括使用镜头切换、调整切换区域和切换设置等多种基本操作，下面对转场特技设置进行讲解。

项目最终效果图如图1-41所示。

图 1-41

◆ 项目实施

1. 新建项目和序列

1）启动Premiere CS6软件，单击"新建项目"选项，新建文件。然后单击"位置"选项，更改文件存储路径，在"名称"文本框中输入文件名"艺术沙龙"，单击"确定"按钮，如图1-42所示。在弹出的"新建序列"对话框中选择"DV-PAL/标准48kHz"选项后，单击"确定"按钮。

2）将本书配套资源中"Chap1.2艺术沙龙\素材\"01.jpg"～"12.jpg"素材文件导

图 1-42

入，导入后文件排列在"项目"面板中，如图1-43所示。

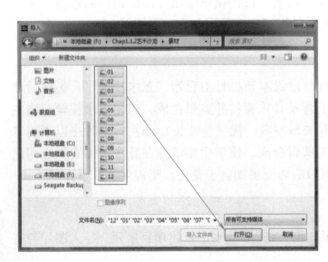

图 1-43

2．对素材进行分类管理

1）为方便素材分类管理，可以在"项目"窗口建立一个素材库（即素材文件夹）来管理素材。使用素材文件夹，可以将节目中的素材分门别类、有条不紊地组织起来，这在组织包含大量素材的复杂节目时特别有用。

2）单击"项目"窗口下方的"新建文件夹"按钮 ，自动创建新文件夹，更改文件夹名称为"LOGO"，如图1-44所示，按住<Ctrl>键单击"01.jpg""02.jpg""03.jpg"素材，拖曳拉入"LOGO"文件夹中，如图1-45所示。依此类推，分别将"04.jpg""05.jpg""06.jpg"素材拉入文件夹"3D模型"中，"07.jpg""08.jpg""09.jpg"素材拉入文件夹"广告海报"中，"10.jpg""11.jpg""12.jpg"素材拉入"创意海报"中，如图1-46所示。

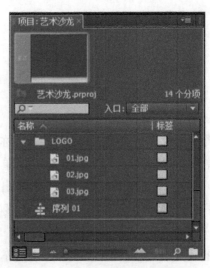

图 1-44　　　　　　　　　　图 1-45

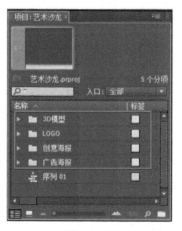

图 1-46

3. 添加默认转场效果

1）在"项目"面板中将"LOGO"文件夹拖曳到"时间线"窗口中的"视频1"轨道中，如图1-47所示。

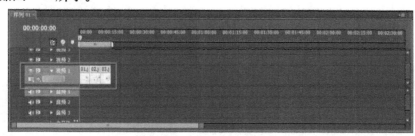

图 1-47

小提示：

可以拖曳整个文件夹而不用拖曳单个素材文件，更加体现素材分类管理的方便性。

2）依次将"项目"面板中的"广告海报"文件夹、"创意海报"文件夹、"3D模型"文件夹拖曳到"时间线"窗口中的"视频1"轨道中，如图1-48所示。

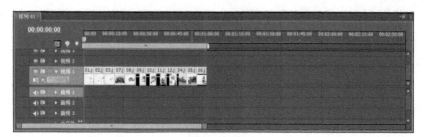

图 1-48

小提示：

在"时间线"面板中，如素材显示过小，可通过"拖动时间线"滑块进行滑动，放大"时间线"面板中素材的显示大小，如图1-49所示，通过这一方式可方便两个素材间转场效果的添加。

图 1-49

3）将时间指示器放置在00:00:05:00的位置，时间指示器转到"02.jpg"文件的开始位置，如图1-50所示，按住<Ctrl+D>组合键，在"01.jpg"文件的结尾处与"02.jpg"文件的开始位置添加一个默认的（交叉叠化）转场效果，如图1-51所示。在"节目"面板中预览效果，如图1-52所示。

图 1-50

图 1-51

图 1-52

小提示：

为影片添加切换后，可以通过以下两种方法改变切换的长度。

①在序列中选中"切换"按钮 交叉叠化（标准），将鼠标指针放置在切换的边缘并且变成▪后进行拖曳，即可改变切换长度，如图1-53所示。

②双击切换打开"特效控制台"对话框，在该对话框中对切换进行进一步调整，如图1-54所示。

基本知识

"特效控制台"面板：主要用于控制对象的运动、透明度、切换及特效等设置。当为某一段素材添加了音频、视频或转场特效后，就需要在该面板中进行相应的参数设置和添加关键帧，画面的运动特效也在这里进行设置，该面板会根据素材和特效的不同显示不同的内容。

调整切换区域：在右侧的"时间线"区域里可以设置切换的长度和位置。两段影片加入切换后，时间线上会有一个重叠区域，这个重叠区域就是发生切换的范围。与"时间线"面板中只显示入点和出点间的影片不同，在"特效控制台"面板的时间线中会显示影片的完整长度，这样设置的优点是可以随时改变影片参与切换的位置。

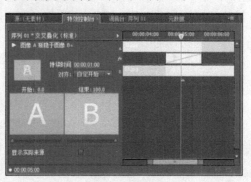

图　1-53　　　　　　　　　　　　图　1-54

将鼠标指针移动到切换中线上拖曳，可以改变切换位置，如图1-55所示；还可以将鼠标指针移动到切换上拖曳改变位置，如图1-56所示。

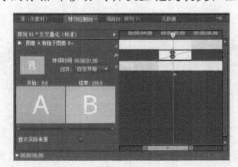

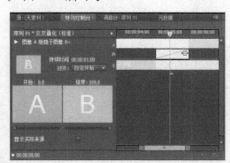

图　1-55　　　　　　　　　　　　图　1-56

在左侧的"对齐"下拉列表中，提供了以下4种切换对齐方式，如图1-57所示。

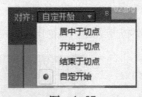

图　1-57

①"居中于切点"：将切换添加到两个剪辑的中间部分，如图1-58和图1-59所示。

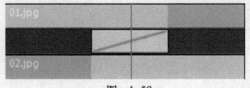

图　1-58　　　　　　　　　　　　图　1-59

②开始于切点"：以片段B的入点位置为准建立切换，如图1-60和图1-61所示。

图 1-60

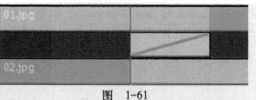

图 1-61

③"结束于切点"：将切换点添加到第一个剪辑结尾处，如图1-62和图1-63所示。

图 1-62

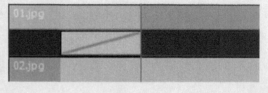

图 1-63

④"自定开始"：表示可以通过自定义添加设置。将鼠标指针移动到切换边缘，可以拖曳鼠标改变切换的长度，如图1-64和图1-65所示。

图 1-64

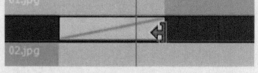

图 1-65

切换设置：在左边的切换设置中，可以对切换进行进一步的设置，默认状态下，切换都是从A到B完成的，要改变切换的开始和结束的状态，可以拖曳"开始"和"结束"滑块或者更改上方的数值，如图1-66所示。按住<Shift>键并拖曳滑块可以使开始和结束滑块以相同的数值变化。

选中"显示实际来源"复选框，可以在"切换设置"对话框上方的"开始"和"结束"窗口中显示切换的开始和结束帧，如图1-67所示。

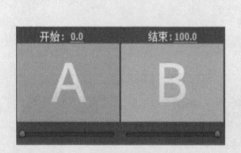

图 1-66

图 1-67

在对话框上方单击"展开"按钮 ，可以在小视窗中预览切换效果，如图1-68所示。对于某些有方向性的切换来说，可以在上方小视窗中单击箭头改变切换的方向。

在对话框上方的"持续时间"栏中可以输入切换的持续时间,如图1-69所示,与拖曳切换边缘改变长度是相同的。

| 图 1-68 | 图 1-69 |

检查评价

在后续的两个素材间皆可用<Ctrl+D>组合键添加默认转场效果,但为了使视频更加生动丰富,校园电视台运用了其他不同的镜头切换,如"效果"面板中的视频转场特技。

基本知识

Premiere将各种转换特效根据类型的不同分别放在"效果"面板中的"视频特效"文件夹下的子文件夹中,便于制作者根据不同的转换类型进行选择。

4. 添加视频转场特效

1)选择"窗口"→"工作区"→"效果"命令,弹出"效果"面板,展开"视频切换"特效分类选项,单击"伸展"文件夹前面的"三角形"按钮 将其展开,选中"伸展进入"特效,如图1-70所示。将"伸展进入"特效拖曳到"时间线"面板中"02.jpg"文件的结尾处与"03.jpg"文件的开始位置,如图1-71所示。

| 图 1-70 | 图 1-71 |

2)在"效果"面板中展开"视频切换"特效分类选项,单击"卷页"文件夹前面的"三角形"按钮 将其展开,选中"翻页"特效,如图1-72所示。将"翻页"特效拖曳到"时间线"面板中"03.jpg"文件的结尾处与"07.jpg"文件的开始位置,如图1-73所示。

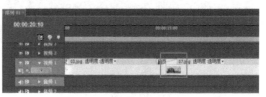

| 图 1-72 | 图 1-73 |

基本知识

  "效果"面板：存放着Premiere自带的各种音频、视频特效和预设的特效，这些特效共分成五大类，包括音频特效、视频特效、音频切换效果、视频切换效果及预置特效，每一大类又按照效果细分为很多小类，如图1-74所示。用户安装的第三方特效插件也将出现在该面板的相应类别文件中。

图 1-74

  3）依照以上方法，在"效果"面板中展开"视频切换"特效分类选项，可以选择不同类别的切换特效，为后面的素材进行特效切换。

基本知识

  "三维运动"：该文件夹中包含10种三维运动效果的场景切换，在"艺术沙龙"视频中选择"三维运动"文件夹中的"翻转"特效，放置在"时间线"面板中"07.jpg"文件的结尾处与"08.jpg"文件的开始位置，在"特效控制台"面板中单击"自定义"按钮，弹出"翻转设置"对话框，对翻转进行设置，如图1-75和图1-76所示。

  "带"：输入空翻的影像数量。"带"的最大数值为8。

  "填充颜色"：设置空白区域颜色。

图 1-75

图 1-76

  "翻转"：效果如图1-77和图1-78所示。

图 1-77

图 1-78

"光圈"：该文件夹中包含7种视频转换特效，在"艺术沙龙"视频中选择"光圈"文件夹中的"划像形状"特效，放置在"时间线"面板中"08.jpg"文件的结尾处与"09.jpg"文件的开始位置，在"特效控制台"面板中单击"自定义"按钮，弹出"划像形状设置"对话框，对划像形状进行设置，如图1-79和图1-80所示。

"形状数量"：拖动滑块调整水平和垂直方向规则形状的数量。

"形状类型"：选择形状，如矩形、椭圆和菱形。

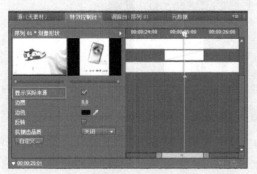
图 1-79

图 1-80

"划像形状"：效果如图1-81所示。

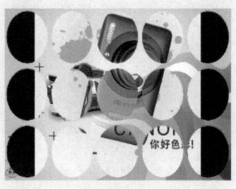
图 1-81

"擦除"：该文件夹中包含17种视频转换特效，在"艺术沙龙"视频中选择"擦除"文件夹中的"渐变擦除"特效，放置在"时间线"面板中"09.jpg"文件的结尾处与"10.jpg"文件的开始位置，同时会自动弹出"渐变擦除设置"对话框，如图

1-82所示，在"特效控制台"面板中单击"自定义"按钮也可以弹出对话框，对渐变擦除进行设置。

"选择图像"：单击此按钮，可以选择作为灰度图的图像。

"柔和度"：设置过渡边缘的羽化程度。

图 1-82

"渐变擦除"：效果如图1-83所示。

图 1-83

"映射"：该文件夹中包含2种视频转换特效，在"艺术沙龙"视频中选择"映射"文件夹中的"通道映射"特效，放置在"时间线"面板中"10.jpg"文件的结尾处与"11.jpg"文件的开始位置，同时会自动弹出"通道映射设置"对话框，如图1-84所示，在"特效控制台"面板中单击"自定义"按钮也可以弹出对话框，对渐变擦除进行设置。

"通道映射"：效果如图1-85所示。

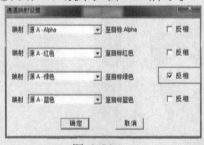

图 1-84

图 1-85

"滑动"：该文件夹中包含2种视频转换特效，在"艺术沙龙"视频中选择"滑动"文件夹中的"斜线滑动"特效，放置在"时间线"面板中"11.jpg"文件的结尾处与"12.jpg"文件的开始位置，在"特效控制台"面板中单击"自定义"按钮，弹出"斜线滑动"对话框，对斜线滑动进行设置，如图1-86和图1-87所示。

"切片数量"：输入转换切片数目。

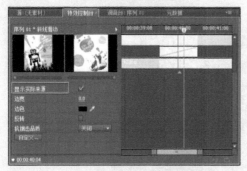
图　1-86

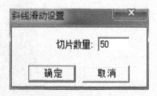
图　1-87

"斜线滑动"：效果如图1-88所示。

特殊效果：该文件夹中包含3种视频转换特效，在"艺术沙龙"视频中选择"特殊效果"文件夹中的"映射红蓝通道"特效，放置在"时间线"面板中"12.jpg"文件的结尾处与"04.jpg"文件的开始位置。映射红蓝通道效果如图1-89所示。

图　1-88

图　1-89

"缩放"：该文件夹中包含4种视频转换特效，在"艺术沙龙"视频中选择"缩放"文件夹中的"缩放框"特效，放置在"时间线"面板中"04.jpg"文件的结尾处与"05.jpg"文件的开始位置，在"特效控制台"面板中单击"自定义"按钮，弹出"缩放框设置"对话框，对缩放框进行设置，基本设置如图1-90和图1-91所示。

"形状数量"：拖动滑块，设置水平和垂直方向的方块数量。

图　1-90

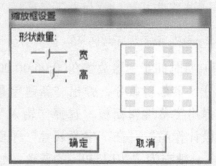
图　1-91

"缩放框":效果如图1-92所示。

图 1-92

5. 添加预设视频特效

在"效果"面板中,展开"预设"特效分类选项,单击"马赛克"文件夹前面的三角形按钮▶将其展开,选中"马赛克入"特效,如图1-93所示。将"马赛克入"特效拖曳到"时间线"面板中"06.jpg"文件上。效果如图1-94所示。

图 1-93

图 1-94

检查评价

"艺术沙龙"视频的基本特效切换已制作完毕,为了更好地介绍艺术作品,校园电视台决定在视频中添加说明字幕。

6. 为视频添加说明字幕

1)将时间指示器放置在00:00:00:00的位置,在"菜单栏"中选择"文件"→"新建"→"字幕"命令,弹出"新建字幕"对话框,如图1-95所示,单击"确定"按钮,弹出字幕编辑面板,选择"输入"工具✎,在字幕工作区中输入"设计部学生标志设计作品",在"字幕属性"子面板中进行设置,选择"黑体",调整字体为"25",填充为"#012530"的蓝色,如图1-96所示。关闭"字幕编辑"面板,新建的字幕文件自动保存到"项目"面板中,如图1-97所示。

图　1-95　　　　　　　　　　　图　1-96

图　1-97

小提示：

　　也可以在菜单栏中选择"字幕"→"新建字幕"→"默认静态字幕"命令，弹出"新建字幕"对话框。

基本知识

　　"字幕"面板：Premiere 提供了一个专门用来创建及编辑字幕的字幕编辑面板，如图1-98所示，所有文字编辑及处理都是在该面板中完成的。"字幕"面板主要由字幕属性栏、字幕工具箱、字幕动作栏、"字幕属性"设置子面板、字幕工作区和"字幕样式"子面板6个部分组成。

　　字幕属性栏：主要用于设置字幕的运动类型、字体、加粗、斜体、下画线等，如图1-99所示。

　　字幕工具箱：提供了一些制作文字与图形的常用工具，如图1-100所示，利用这些工具，可以为影片添加标题及文本、绘制几何图形、定义文本样式等。

　　字幕动作栏：主要用于快速排列或者分布文字，如图1-101所示。

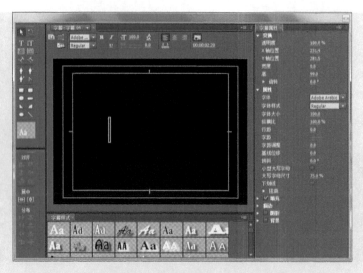

图 1-98

图 1-99

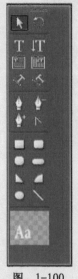

图 1-100   图 1-101

　　字幕工作区：是制作字幕和绘制图形的工作区，它位于字幕编辑面板的中心，在工作区中有两个白色的矩形线框，其中内线框是字幕安全框，外线框是字幕动作安全框。如果文字或者图像放置在动作安全框之外，那么一些NTSC制式的电视中这部分内容将不会被显示出来，即使能够显示，很可能会出现模糊或者变形现象，因此，在创建字幕时最好将文字和图像放置在安全框之内。

小提示：

　　如果字幕工作区中没有显示安全区域线框，那么可以通过以下两种方法显示安全区域线框：

①在字幕工作区中单击鼠标右键，在弹出的快捷菜单中选择"查看"→"字幕安全框"命令。

②选择"字幕"→"查看"→"字幕安全框"命令。

"字幕样式"子面板：位于字幕编辑面板的中下部，其中包含了各种已经设置好的文字效果和多种字体效果，如图1-102所示。如果要为一个对象应用预设的风格效果，那么只需选中该对象，然后在"字幕样式"子面板中单击要应用的风格效果即可。

图　1-102

"字幕属性"设置子面板：在字幕工作区中输入文字后，可在位于字幕编辑面板右侧的"字幕属性"设置子面板中设置文字的具体属性参数，如图1-103所示。字幕属性设置子面板分为6个部分，分别为"变换""属性""填充""描边""阴影"和"背景"。

图　1-103

2）新建"字幕02"，在字幕工作区中输入"设计部学生广告海报作品"，在"字幕属性"子面板中进行设置，选择"黑体"，调整字体为"25"，填充为"#012530"的蓝色，如图1-104所示。

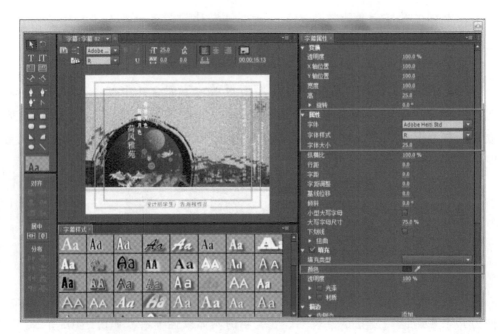

图 1-104

3）在"项目"面板中选中"字幕02"文件并将其拖曳到"视频2"轨道中。将鼠标指针放置在"字幕02"结尾处，当鼠标指针变成 ✍ 时，拖动文件一直到"09.jpg"文件结尾处齐平。

4）新建"字幕03"，选择"垂直文字"工具，输入"设计部学生创意海报作品"，如图1-105所示；新建"字幕04"，输入"设计部学生三维设计作品"，如图1-106所示。分别拖动"字幕03"与"12.jpg"文件结尾平齐，"字幕04"与"06.jpg"文件结尾平齐。

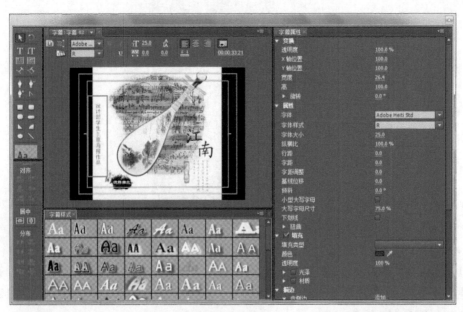

图 1-105

图　1-106

7. 为字幕视频添加切换效果

在"效果"面板展开"视频切换"文件夹，选中"叠化"文件夹中的"交叉叠化（标准）"，拖到"时间线"面板中"视频2"轨道中，放在"字幕01"与"字幕02"中间，依此类推，按同样的方法放在"字幕02"与"字幕03"、"字幕03"与"字幕04"之间，如图1-107所示。

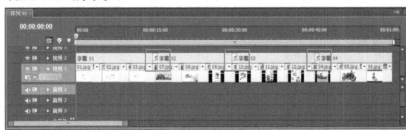

图　1-107

8. 为视频添加音乐

1）导入音频文件"背景音乐.mp3"，拖曳音频文件到"时间线"面板中的"音频1"轨道上，如图1-108所示。

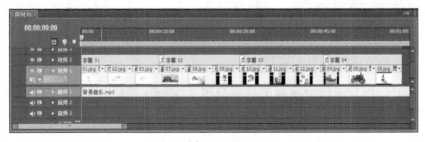

图　1-108

2）将时间指示器放置在00:00:29:00的位置，将鼠标指针放置在"背景音乐.mp3"文件开头处，当鼠标指针变为 时，拖动文件与时间指示器平齐，如图1-109所示。

图 1-109

3）拖动缩短后的"背景音乐.mp3"到00:00:00:00的位置，同样将鼠标指针放置在"背景音乐.mp3"结尾处，当鼠标指针变为 时，拖动文件与视频文件结尾平齐，如图1-110所示。

图 1-110

4）在"效果"面板中展开"音频过渡"文件夹，选择"交叉渐隐"文件夹中的"指数型淡入淡出"，如图1-111所示，拖曳到"时间线"面板上的"背景音乐"结尾处，如图1-112所示。

图 1-111   图 1-112

9. 预演视频并渲染输出

1）在"时间线"面板中拖曳工具区范围条 ████████ 的两端，以确定要生成影片预演的范围。

2）选择"序列"→"Render Effects in Work Area"→"渲染工作区域内的效果"

命令，系统将开始进行渲染，并弹出"正在渲染"对话框显示渲染进度。

3）选择"文件"→"导出"→"媒体"命令，在弹出的对话框右侧的选项区域中进行文件格式及输出区域等设置，设置输出格式为Microsoft AVI，预设为PAL DV，勾选"导出视频"和"导出音频"复选框，单击"输出名称"，选择保存路径并更改名称为"艺术沙龙"，如图1-113所示。

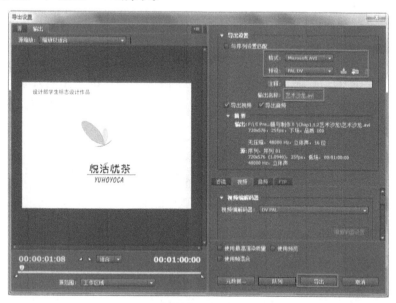

图 1-113

4）单击"队列"按钮，跳转至Adobe Media Encodr界面，单击"Start Queue (Return)"（开始渲染）按钮，开始导出视频，输出完毕后，关闭窗口。

5）选择"文件"→"保存"命令，将项目文件进行保存。可按<Ctrl+S>组合键保存。

10. 项目审核和交接

1）本项目由工作室成员完成后，交由工作室主管审核。

2）经过主管审核后，需修改的部分进行首次修改。

3）再由主管交付至客户审核，根据客户的意见，工作室成员进行二次修改。

4）一般经过2~3次的修改后，最终完成项目的审核和交接。

◆ 项目拓展

请读者利用本书配套资源"Chap1.2艺术沙龙/项目拓展"文件夹内的素材进行制作。

制作要求：

1）在源文件中导入素材文件"13.jpg""14.jpg"和"15.jpg"，在"项目"面板中新建文件夹，命名为"名片设计"，将文件夹添加到源文件"时间线""视频1"轨道最后，分别添加"视频切换/三维运动/门""视频切换/缩放/缩放拖尾""视频切换/擦除/油漆飞溅"切换效果，效果如图1-114所示。

图 1-114

2）添加"字幕05"，将文字设置为垂直，输入"设计部学生名片设计作品"，添加到源文件"时间线""视频2"轨道最后，添加"视频切换/叠化/交叉叠化"切换效果，效果如图1-115所示。

图 1-115

3）在音频轨道中将"背景音乐"更换为"背景音乐2"。

■ 项目评价

在本项目中，通过项目学习了解了素材文件夹的使用，掌握了如何添加字幕、如何添加视频转场效果的方法。通过选取"艺术沙龙"这个项目掌握如何在静态图片中添加动态视频效果。通过本项目的学习，做一个项目评价和自我评价，见表1-3。

表1-3　项目评价和自我评价

学生作品展览——艺术沙龙	很满意	较满意	有待改进	不满意
项目设计的评价				
项目的完成情况				
知识点的掌握情况				
与本组成员协作情况				
客户对项目的评价				
自我评价				

项目3 校园课外时光——电影报道<<<

■ 项目情境

在一次调研活动中，桂花中学设计部的谭老师发现大多数学生都只对国内的动画有所了解，比如麦兜、葫芦娃、喜羊羊等，如果想全面地发展自身技能，创作出更好的影片或者设计，那么必须学会赏析不同时期不同国家的艺术作品。因此，针对设计班的这个情况，谭老师决定向同学们推荐更多的国内外电影作品。恰逢校园电视台推出了《校园课外时光》这档栏目，谭老师收集了往届获得奥斯卡奖的动画，请校园电视台制作相关电影报道的视频，校园电视台郑制片则向水晶印象校企工作室的卢导提出了制作报道视频的要求。

卢导根据制片的要求写了相关电影的文案，建议结合精彩镜头内容、剧照图片和文字介绍，视频介绍约4min，可以介绍1～2部动画片的精彩部分，由水晶印象校企工作室制作，交由桂花中学设计部初审，最后交由桂花中学校园电视台编辑部终审。

卢导将此工作指派给工作室影视后期组的2位实习生，由影视后期组的2人负责背景素材、音乐素材的整理，制作周期为3天，剪辑合成动画视频。

◆ 项目分析

卢导要求视频以"电影报道"为本次项目的主题，剪辑要突出影片的精彩部分，在选取素材方面，精心选取一些引发观众兴趣的镜头，通过一些剪辑合起来，让观众产生很多未知的观看兴趣。剪辑主线为让观者了解到不同动画片的风格、剧情、故事背景，总时长为4min左右，单个动画的介绍时间大约2min，时序以片头、动画电影精彩片段、动画电影精彩剧照和片尾4个部分作为剪辑顺序。影视后期组根据卢导的要求进行动画视频创作。

商业规范：

本项目案例中使用的视频和图片素材来自于往届奥斯卡动画获奖作品，仅供参考。

《回忆积木小屋》地区：日本导演：加藤久仁生2009年第81届奥斯卡金像奖最佳动画短片奖

《丹麦诗人》地区：挪威，加拿大导演：特里尔·柯弗2007年第79届奥斯卡最佳动画短片

《棕兔夫人》地区：美国导演Chris Wedge 1998年第70届奥斯卡最佳动画短片奖

项目最终效果图如图1-116所示。

图 1-116

◆ **必备知识**

在制作本项目之前，须具备以下知识：在premiere中新建项目序列、新建素材文件夹、掌握添加字幕的基本方法以及添加视频切换特效的方法。

基本知识

主要介绍如何导入分层图层和字幕效果的制作方法，同时也介绍了视频关键帧和视频的调色等Premiere较高级的剪辑应用，使影片通过剪辑产生完美的画面合成效果。因为介绍的动画短片电影较多，需要分不同序列进行制作，在制作后期将会进行序列嵌套，形成完整的宣传视频。

◆ **项目实施**

1. 新建项目、序列及导入分层图片

1）启动Premiere软件，弹出"欢迎使用Adobe Premiere Pro"界面，单击"新建项目"按钮，打开"新建项目"对话框，在"位置"选项处选择保存文件路径，在"名称"文本框中输入文件名"电影报道"，如图1-117所示，单击"确定"按钮，弹出"新建序列"对话框，在左侧列表中展开"DV-NTSC"选项，选中"标准48kHz"模式，如图1-118所示，单击"确定"按钮。

图 1-117　　　　　　　　　图 1-118

2）在"项目"面板中双击空白区域或者按<Ctrl+I>组合键，打开"导入"对话框，选择本书配套资源中的"Chap1.3电影报道\素材\片头\01.psd～05.psd、背景音乐.mp3、wall.avi"文件，单击"打开"按钮，导入文件，如图1-119所示。

3）在弹出的"导入分层文件"对话框中，选择"合并所有图层"方式，导入所有选取的PSD图像素材，如图1-120所示。

图 1-119

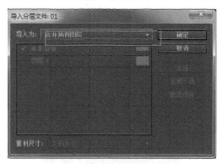

图 1-120

小提示

　　导入图层文件包括导入Photoshop、Illustrator等含有图层的文件格式。设置图层素材导入的方式，可以选择"合并所有图层""合并的图层""各个图层"或"序列"，如图1-121和图1-122所示。

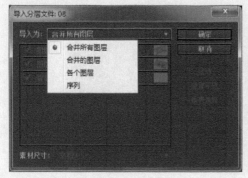

图 1-121

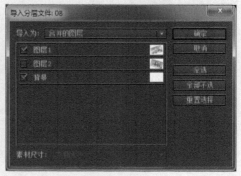

图 1-122

　　4）再次按<Ctrl+I>组合键，打开"导入"对话框，选择本书配套资源中的"Chap1.3电影报道\素材\片头\彩色光芒\HX0001.TGA"文件，勾选"图像序列"复选框，单击"打开"按钮，以序列图像的方式将这个文件夹中的素材导入，如图1-123所示。导入后文件呈现在"项目"面板中，如图1-124所示。

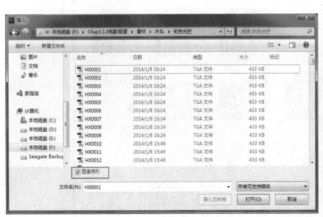

图 1-123

图 1-124

5）在"项目"面板中的"wall.avi"视频素材上单击鼠标右键，在弹出的快捷菜单中选择"速度"→"持续时间"命令，打开该对话框，设置持续时间为00:00:00:15，然后单击"确定"按钮，如图1-125所示。

图 1-125

6）与第5步方法相同，将文件素材"02psd"～"05.psd"的持续长度也设置为00:00:00:15，如图1-126和图1-127所示。

图 1-126

图 1-127

2. 组合素材片段

1）在"时间线"面板中，将时间线移动到00:00:00:00的位置，连续4次拖动

"wall.avi"文件到"视频1"轨道上，使这4个文件前后相连，如图1-128所示。

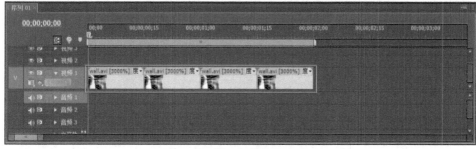

图 1-128

2）在最后一个"wall.avil"文件上单击鼠标右键，在弹出的快捷菜单中选择"速度"→"持续时间"命令，将其持续时间修改为00:00:01:00，如图1-129和图1-130所示。

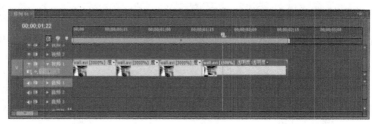

图 1-129　　　　　　　　　　　　图 1-130

3）再添加一个"wall.avi"文件到"视频1"的结尾处，设置其时间长度为00:00:05:00，如图1-131和图1-132所示。

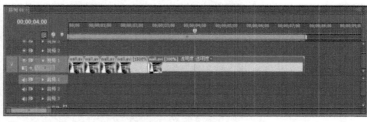

图 1-131　　　　　　　　　　　　图 1-132

4）将"02.psd"～"05.psd"文件依次拖到"视频2"轨道上，并对齐"视频1"轨道中前面4个"wall.avil"文件的开始位置，如图1-133所示。

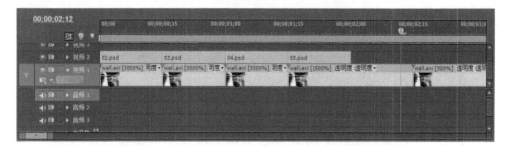

图 1-133

5）在"05.psd"文件上单击鼠标右键，在弹出的快捷菜单中选择"速度"→"持续时间"命令，将其持续时间修改为00:00:00:25，如图1-134和图1-135所示。

图 1-134   图 1-135

6）将时间线移动到00:00:03:00的位置，将"HX0001.TGA"序列图像拖到"视频2"轨道的该位置，然后修改其持续时间长度为00:00:04:15，如图1-136和图1-137所示。

图 1-136   图 1-137

7）选中"HX0001.TGA"序列图像，打开"特效控制台"面板，展开"运动"选项，在"缩放"处修改数值为170，如图1-138所示。

图 1-138

8）将时间线移动到00:00:03:25的位置，拖动"01.psd"文件到"视频3"轨道上的该位置处，设置其持续时间长度为00:00:03:20，与其他视频轨道中素材的结束位置对齐，如图1-139所示。

图 1-139

9）将时间线移动到00:00:00:00的位置，拖动"背景音乐"文件到"音频1"轨道上，如图1-140所示。

图 1-140

3. 为素材添加视频特效

1）打开"效果"面板，展开"视频特效"文件夹，选择"风格化"文件夹中的"复制"命令，将该特效添加到"视频1"轨道中的第一个"wall.avi"文件上，如图1-141所示。

图 1-141

2）打开"特效控制台"面板，设置"复制"特效的"计数"数值为5，如图1-142所示。依次为"视频1"轨道中的第2个、第3个和第4个"wall.avi"文件添加"复制"特效，分别在"特效控制台"面板中设置图像复制的数量为4、3、2，效果如图1-143～图1-145所示。

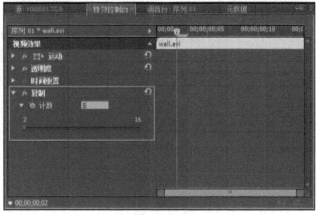

图 1-142

—— 43 ——

校园影视制作篇

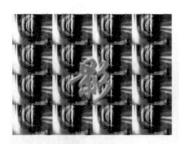

图 1-143   图 1-144   图 1-145

3）在第4个和第5个"wall.avi"文件之间添加"视频切换\叠化\附加叠化"特效，在视频文件之间建立过渡切换效果，如图1-146所示。选中过渡效果，打开"特效控制台"面板，将过渡效果持续时间更改为00:00:00:20，如图1-147所示。

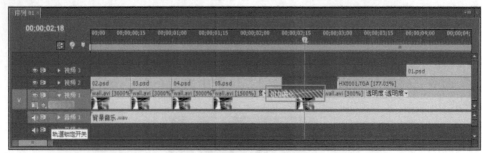

图 1-146

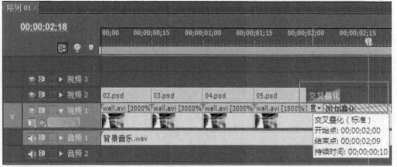

图 1-147

4）选择"视频2"轨道上的"05.jpg"文件，在其结尾处添加"交叉叠化"视频切换效果，并在"特效控制台"面板中设置其持续时间为00:00:00:10，如图1-148所示。

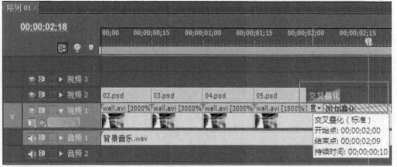

图 1-148

5）选择"视频3"轨道上的"01.jpg"文件，在其开始处添加"擦除"视频切换特效，在"特效控制台"面板中设置其持续时间为00:00:01:00，如图1-149所示。

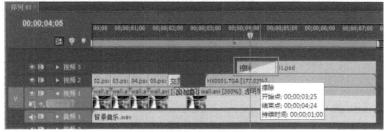

图 1-149

6）分别为三个视频轨道上的素材结尾处添加"交叉叠化"视频切换特效，并在"特效控制台"面板中设置其持续时间为00:00:01:00，如图1-150所示。

图 1-150

4．制作电影宣传的视频特效效果和视音频过渡效果

1）在"菜单栏"上选择"文件"→"新建"→"序列"命令，新建一个新的序列，弹出"新建序列"对话框，在左侧列表中展开"DV-NTSC"选项，选中"标准48kHz"模式，修改序列名称为"电影宣传"，单击"确定"按钮，如图1-151所示。

图 1-151

小提示

为了在制作过程中更好地找到每个序列，需要为每个序列更改名字，"序列01"更改名称为"电影报道片头"，如图1-152所示。

图 1-152

2）在"项目"面板中，按<Ctrl+I>组合键导入文件，选择本书配套资源中的"Chap1.3电影报道\素材\电影宣传\丹麦诗人.avi、回忆积木小屋-01.jpg、菊次郎的夏天.mp3、栏目条.psd"等14个文件，单击"打开"按钮，导入文件，如图1-153所示。

图 1-153

3）导入所有文件并呈现在"项目"面板中，为了能够更好地找到素材，需要新建文件夹进行素材分类，如图1-154所示。

图 1-154

4）展开"回忆积木小屋"文件夹，如图1-155所示，双击"回忆积木小屋.avi"文件，在"源"面板中查看该视频文件，单击时间码 `00:00:00:00`，定位时间到00:00:02:00，单击"标记入点"按钮 `{`，选择该段视频的开头部分，如图1-156所示；单击时间码数，定位时间到00:01:19:08，单击"标记出点"按钮 `}`，选择该段视频的结尾部分，如图1-157所示。单击"插入"按钮，将所选择的视频片段插入到"电影宣传"序列的"视频1"轨道上，如图1-158所示。

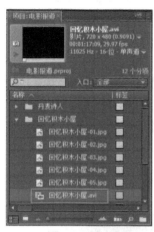

图 1-155

图 1-156

图 1-157

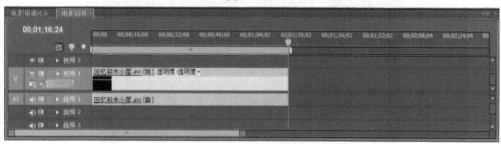

图 1-158

5）将"项目"面板中的"回忆积木小屋-01.jpg"～"回忆积木小屋-05.jpg"文件拖到"视频1"轨道上，如图1-159所示。

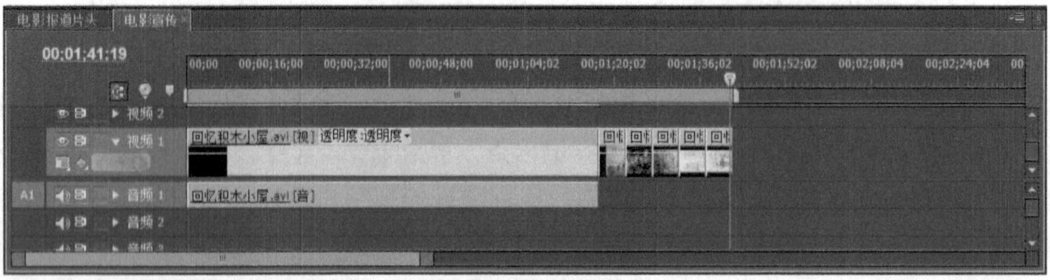

图　1-159

6）双击"项目"面板中的"菊次郎的夏天.mp3"文件，在"源"面板中查看该音频文件，单击时间码00:00:00:00，定位时间到00:00:23:00，单击"标记入点"按钮，选择该段音频的开头部分，如图1-160所示；单击时间码数，定位时间到00:00:48:00，单击"标记出点"按钮，选择该段音频的结尾部分，如图1-161所示。在"时间线"面板中将时间线定位在00:01:17:11，在"源"面板中单击"插入"按钮，将所选择的音频片段插入到"电影宣传"序列的"音频1"轨道上，如图1-162所示，将"视频1"上移到后面位置的"回忆积木小屋-01.jpg"～"回忆积木小屋-05.jpg"文件并拖动回00:01:17:11的位置，如图1-163所示。

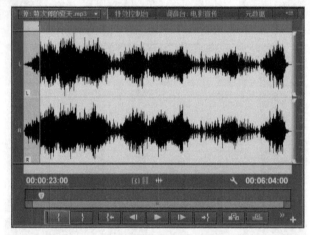

图　1-160

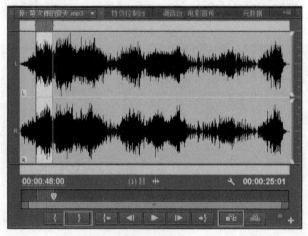

图　1-161

图　1-162

图　1-163

7）在"效果"面板中，选择"视频特效/调整/基本信号控制"效果，将该效果拖到"时间线"面板中"回忆积木小屋-04.jpg"文件上，在"特效控制台"中，展开"基本信号控制"特效，将"亮度"选项设置为-10，"对比度"选项设置为115，"饱和度"选项设置为50，如图1-164所示。

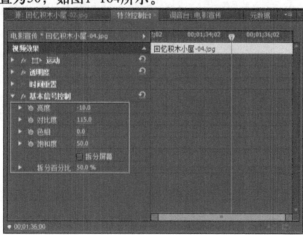

图　1-164

8）在"效果"面板中，选择"视频特效/色彩校正/色彩平衡"效果，将该效果拖到"回忆积木小屋-04.jpg"文件上，在"特效控制台"中，展开"色彩平衡"特效，参数设置如图1-165所示。

9）在"效果"面板中，选择"视频特效/杂波与颗粒/杂波"效果，将该效果拖到"回忆积木小屋-04.jpg"文件上，在"特效控制台"中，展开"杂波"特效，将"杂波数量"设置为15%，如图1-166所示。

10）在"回忆积木小屋-04.jpg"的"特效控制台"中，按住<Ctrl>键，同时选中"基本信号控制""色彩平衡"和"杂波"特效，单击鼠标右键，在弹出的快捷菜单中选择

"复制"命令，在"时间线"上选中"回忆积木小屋-05.jpg"文件，在其"特效控制台"空白处单击鼠标右键，在弹出的快捷菜单中选择"粘贴"命令，将视频特效复制过去。

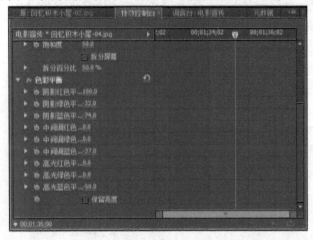

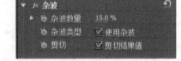

图 1-165   图 1-166

11）在"效果"面板中，选择"视频切换/叠化/交叉叠化"效果，放入"回忆积木小屋.avi"文件与"回忆积木小屋-01.jpg"文件之间，同样依次将该效果放入后面互相间隔的图片之间，形成视频过渡效果；在"效果"面板中选择"音频过渡/交叉渐隐/指数型淡入淡出"效果，放在两段音频之间，形成音频过渡效果，如图1-167所示。

图 1-167

5．为电影宣传添加字幕说明及关键帧设置

小提示

在项目2中已将"字幕"面板的基础做了介绍，本项目将会进一步介绍其他不同字幕的制作。

1）在"菜单栏"中选择"字幕"→"新建字幕"→"默认游动字幕"命令，弹出"新建字幕"对话框，更改名称为"回忆积木小屋字幕说明"，如图1-168所示，单击"确定"按钮，弹出字幕编辑面板，打开"Chap1.3电影报道\素材\电影宣传\回忆积木小屋简介"，按<Ctrl+A>组合键全选复制里面所有的文字，选择"输入"工具 ，在字幕工作区中单击鼠标右键，在弹出的快捷菜单中选择"粘贴"命令输入文字，在"字幕属性"子面板中进行设置，选择"黑体"，调整字体为"35"，在阴影前的复选框中打上勾，如图1-169所示。

2）在"字幕属性栏"里单击"滚动/游动选项"按钮 ，在弹出的对话框中选择"左滚动"选项，勾选"开始于屏幕外"和"结束于屏幕外"复选框，如图1-170所示。关闭字幕编辑面板，新建的字幕文件自动保存到"项目"面板中。

图 1-168

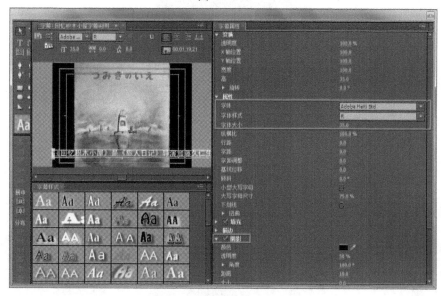

图 1-169

图 1-170

3）将"回忆积木小屋字幕说明"拖动到"视频2"轨道上，与所有"视频1"上的文件结尾处平齐，如图1-171所示。

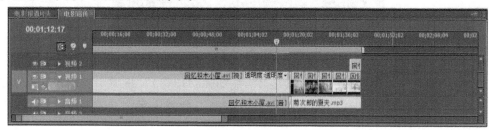

图 1-171

4) 将"回忆积木小屋字幕说明"文件持续时间修改为00:00:45:00,如图1-172所示,文件持续时间更改后向后延伸,将文件结尾处拖回与"视频1"结尾处平齐,如图1-173所示,效果如图1-174所示。

图 1-172

图 1-173

图 1-174

5) 在"项目"面板中将"栏目条.psd"拖动到"视频3"轨道上,将鼠标放置在文件结尾处,当鼠标变成 时,拖动文件与"视频1"轨道上的"回忆积木小屋.avi"文件结尾平齐,如图1-175所示。

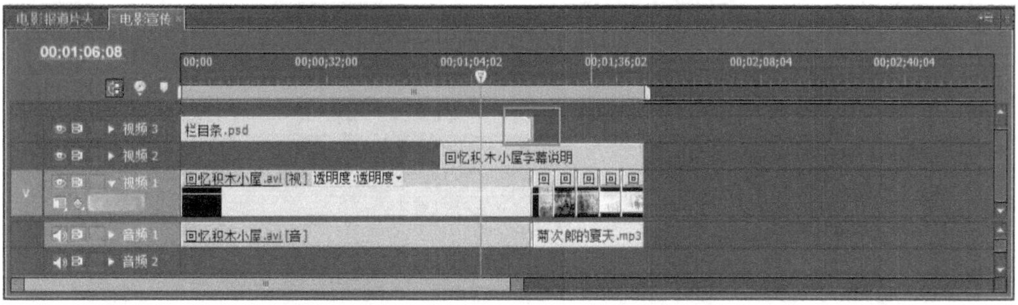

图 1-175

6）在"菜单栏"中选择"字幕"→"新建字幕"→"默认静态字幕"命令，弹出"新建字幕"对话框，更改名称为"回忆积木小屋字幕说明2"，如图1-176所示，单击"确定"按钮，弹出字幕编辑面板，选择"输入"工具▥，在字幕工作区中输入"第81届奥斯卡最佳动画短片奖"，在"字幕属性"子面板中进行设置，选择"综艺体"，调整字体为"21"，填充为"#FE0000"的红色，如图1-177所示。关闭字幕编辑面板，新建的字幕文件自动保存到"项目"面板中。

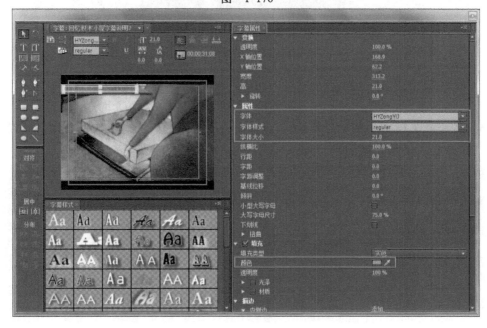

图 1-176

图 1-177

7）在时间线空白处单击鼠标右键，在弹出的快捷菜单中选择"添加轨道"命令，如图1-178所示，在弹出的对话框中的"添加"选项中输入"1条视频轨"，单击"确定"按钮，在"时间线"面板中添加"视频4"轨道，如图1-179和图1-180所示。

图　1-178

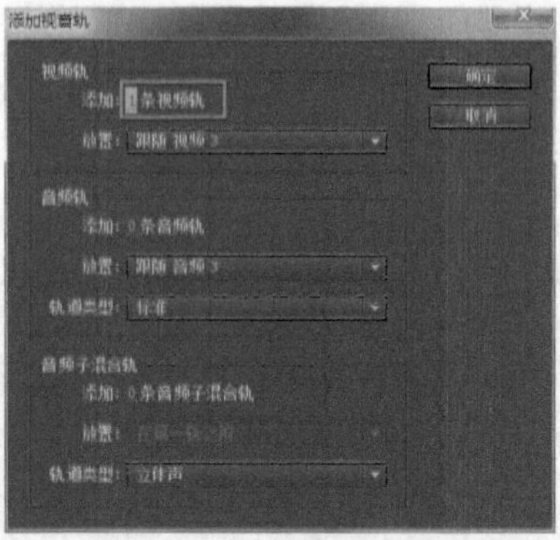

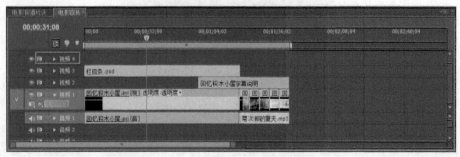

图　1-179

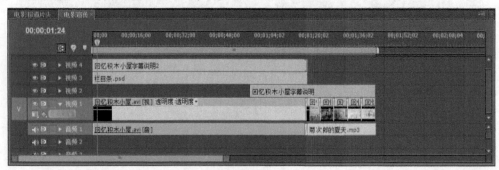

图　1-180

8）将"回忆积木小屋字幕说明2"文件拖到"视频4"轨道上，将持续时间长度改为与"栏目条"一样，如图1-181所示。

图　1-181

9）选中"栏目条"，将时间线定位在00:00:01:15，在"特效控制台"面板中的视频特效中展开"运动"选项，单击"位置"选项前面的"记录动画"按钮![button]，如图1-182所示，记录下动画关键帧。

图 1-182

小提示

"特效控制台"右侧的时间线如果显示过小，可以拖动![slider]缩放条，放大时间线显示。

10）将时间线定位在00:00:00:00，更改"位置"选项的数值为-66和240，在时间线上自动生成动画关键帧，如图1-183所示。

图 1-183

11）将时间线定位在00:01:16:05，单击"位置"选项后面的"添加/移除关键帧"按钮![button]，记录下动画关键帧，将时间线定位在00:01:17:10，更改"位置"选项的数值为-66和240，在时间线上自动生成动画关键帧，如图1-184所示。

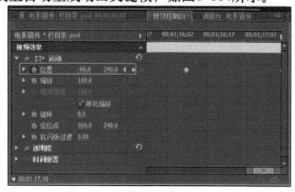

图 1-184

12）在"特效控制台"中，在"位置"选项处单击鼠标右键，在弹出的快捷菜单中选择"复制"命令，选中"时间线"上的"回忆积木小屋字幕说明2"，进入其特效控制台，在空白处单击鼠标右键，在弹出的快捷菜单中选择"粘贴"命令，将"位置"关键帧运动属性复制到其中。

基本知识

关键帧：如果要让效果随着时间而改变，则可以使用关键帧技术。为了设置动画效果属性，必须激活属性的关键帧，所有支持关键帧的效果属性都有"固定动画"按钮，单击该按钮可以插入一个关键帧，插入关键帧后，就可以添加或调整素材所需要的属性。

小提示

为了让游动字幕看得更加清晰，还需要添加一条视频轨道，放入素材"字幕条.psd"，而此时需要将"字幕条.psd"和"回忆积木小屋字幕说明"进行顺序调换。

13）在"时间线"空白处单击鼠标右键，在弹出的快捷菜单中选择"添加轨道"命令，在打开的对话框中输入"添加1条视频轨"，单击"确定"按钮，在"时间线"面板中添加"视频5"轨道，移动"回忆积木小屋字幕说明"至"视频5"轨道上，并将时序拉至与整部视频同样长度，将"字幕条.psd"放在"视频2"轨道上，从头播放视频查看"回忆积木小屋字幕说明"字幕出现的时间，该字幕出现时间定位在00:00:48:22上，将"字幕条.psd"从00:00:48:22开始定位并拉长至视频结尾，如图1-185所示。

图 1-185

检查评价

"电影宣传"中的一部电影宣传已经制作完成，校园电视台即将制作第二部电影小宣传片，于是运用了相似的方法，在新建的序列中制作完成第二部电影宣传片。

14）新建"电影宣传2"序列，在"源"面板中设置"丹麦诗人.avi"的入点为00:02:07:16，出点为00:03:35:00，插入"视频1"轨道中，将轨道上的视频解除视音频连接，删除音频，将"丹麦诗人-01.jpg"～"丹麦诗人-04.jpg"素材拖动到视频文件之后。

15）选择"菊次郎的夏天.mp3"，在"源"面板中设置入点为00:00:23:00，出点为00:02:10:09，插入"音频1"轨道中，移动位置。

16）单击"丹麦诗人-01.jpg"，在"特效控制台"中，将时间线定位为00:01:27:13，单击"位置"选项前的"记录动画"按钮，更改"位置"数值为697和240；将时间线定位为00:01:32:11，更改"位置"数值为8和240，动画关键帧自动加入。

17）为"视频1"轨道中的每个文件之间添加"交叉叠化"视频特效效果。

18）为"音频1"中的音乐开头添加"指数型淡入淡出"音频过渡效果。

19）新建"默认游动字幕"，更改名称为"丹麦诗人字幕说明"，弹出"字幕编辑"面板，打开"Chap1.3电影报道\素材\电影宣传\丹麦诗人简介"文件，全选复制所有的文字，选择"输入"工具 [T]，在字幕工作区中单击鼠标右键，在弹出的快捷菜单中选择"粘贴"命令输入文字，在"字幕属性"子面板中进行设置，选择"黑体"，调整字体为"35"，选中阴影前的复选框。在"字幕属性栏"里单击"滚动/游动选项"按钮 [▦]，在打开的对话框中选择"左滚动"选项，勾选"开始于屏幕外"和"结束于屏幕外"复选框。关闭字幕编辑面板，新建的字幕文件自动保存到"项目"面板中。将"丹麦诗人字幕说明"文件持续时间修改为00:00:38:12，文件持续时间更改后向后延伸，将文件结尾处拖回并与"视频1"结尾处平齐。

20）添加"字幕条.psd""栏目条.psd"和"丹麦诗人字幕说明2"静态字幕，设置和"电影宣传"序列相同。

小提示

　　"电影宣传2"序列中的"栏目条"和"丹麦诗人字幕说明2"的关键帧动画数值需要细微调整，效果达到和"电影宣传"序列一样。可以复制"电影宣传"特效控制台中的数值，进行粘贴修改。

6. 序列嵌套

1）新建"序列"，为新序列更改名称为"完整视频"，如图1-186所示。

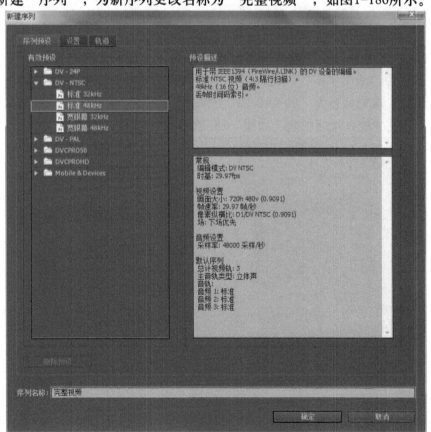

图　1-186

2）将"项目"面板中的"电影报道片头""电影宣传"和"电影宣传2"序列依次拖到"视频1"轨道上，如图1-187所示。

图 1-187

3）在"电影宣传"和"电影宣传2"的音频之间分别添加"音频过渡/交叉渐隐/指数型淡入淡出"音频过渡效果，如图1-188所示。

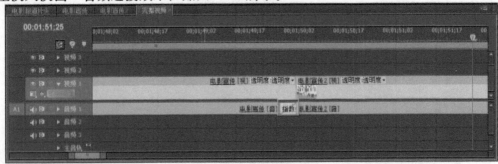

图 1-188

4）在菜单栏中选择"字幕"→"新建字幕"→"默认滚动字幕"命令，新建字幕，更改名称为"结尾字幕"，进入"字幕编辑"面板，设置字体为"隶书"，字号大小为"80"，填充颜色为"#0AA0CB"的蓝色，单击"垂直居中"和"水平居中"按钮，让文字处在视频中间，如图1-189所示。

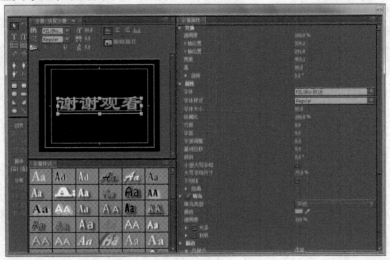

图 1-189

5）单击"滚动/游动选项"，在弹出的对话框中选择"滚动"选项，选中"开始于屏幕外"和"结束于屏幕外"复选框，如图1-190所示。

图 1-190

6）将"项目"面板中的"结尾字幕"拖到"视频1"轨道中，接放在前面的文件之后，如图1-191所示。

图 1-191

7. 预演视频并渲染输出

1）在"时间线"面板中拖曳工具区范围条 的两端，以确定要生成影片预演的范围。

2）选择"序"→"Render Effects in Work Area（渲染工作区域内的效果）"命令，系统将开始进行渲染，并弹出"正在渲染"对话框显示渲染进度。

3）选择"文件"→"导出"→"媒体"命令，在弹出的对话框右侧的选项区域中进行文件格式及输出区域等设置，设置输出格式为Microsoft AVI，预设为NTSC DV，选中"导出视频"和"导出音频"复选框，单击"输出名称"，选择保存路径并更改名称为"电影报道"，如图1-192所示。

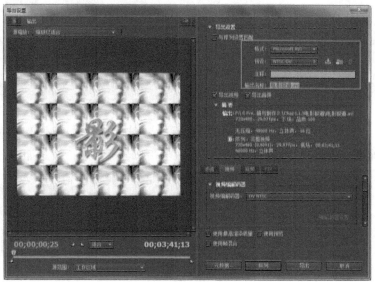

图 1-192

4）单击"队列"按钮，跳转至Adobe Media Encodr界面，单击"Start Queue（Return）"（开始渲染）按钮▶，开始导出视频，输出完毕后，关闭窗口。

5）选择"文件"→"保存"命令，将项目文件进行保存。可按<Ctrl+S>组合键快速保存。

8. 项目审核和交接

1）本项目由工作室成员完成后，交由工作室主管审核。

2）经过主管审核后，需修改的部分进行首次修改。

3）再由主管交付至客户审核，根据客户的意见，工作室成员进行二次修改。

4）一般经过两到三次的修改后，最终完成项目的审核和交接。

◆ **项目拓展**

请读者利用本书配套资源"Chap1.3 电影报道/项目拓展"文件夹内的素材进行制作。

制作要求：

1）在源文件中导入素材文件并放入素材文件夹"棕兔夫人"，将文件夹内的视频素材"棕兔夫人.avi"节选两个片段，片段时间定位分别为00:02:35:13～00:03:32:19和00:05:08:04～00:05:59:05，用与序列"电影宣传"一样的制作方式制作序列"电影宣传3"，添加字幕介绍和背景音乐，为每段视频和图片中间转场添加"视频切换/叠化/交叉叠化"效果，为视频5轨道上的"棕兔夫人字幕说明"的结尾、"视频1"轨道上的"棕兔夫人.avi"的开头和"棕兔夫人-05.jpg"的结尾添加"视频切换/叠化/交叉叠化"效果，为"音频1"轨道上的"棕兔夫人.avi"的开头和背景音乐的结尾添加"音频过渡/交叉渐隐/指数型淡入淡出"效果，效果如图1-193所示。

图 1-193

2）将源文件中的序列"完整视频"最后的"结尾字幕"替换为素材"谢谢观看.psd"，在"特效控制台"中通过关键帧制作相同的动画效果，效果如图1-194所示。

图 1-194

■ 项目评价

在本项目中，通过学习基本掌握了如何导入分层图片、多种字幕的效果制作、关键帧动画的设置、视频特效的多种应用和多个序列文件的嵌套输出。通过本项目的制作，了解了如何使用Premiere制作完整的节目流程和片头片尾的简单制作。通过本项目的学习，做一个项目评价和自我评价，见表1-4。

表1-4　项目评价和自我评价

校园课外时光——电影报道	很满意	较满意	有待改进	不满意
项目设计的评价				
项目的完成情况				
知识点的掌握情况				
与本组成员协作情况				
客户对项目的评价				
自我评价				

项目4　校园电台放送——旅行的意义 <<<<

■ 项目情境

校园文化注重多样性，校园电台也是必不可少的校园文化展示。桂花中学团委为了更好地传播校园文化，促进不同专业师生的交流，委托校园电视台开设一档《校园电台放送》的节目。这档节目将在每周一下午放学后至晚自习开始前的时段在学校大屏幕上播放，事先录制好电台主播的声音和电台内容，配以相关主题的视频，能让栏目声像结合，吸引更多师生收听，同时添加了师生间的互动环节，可以以来稿的形式进行点歌送祝福，增进师生间的感情。校园电视台的郑制片向水晶印象校企工作室卢导提出了制作电台栏目视频的要求。

卢导根据制片的要求写了相关的文案，建议结合不同的来稿形成不同的主题电台，电台节目约5min，每周一下午4点播出，由水晶印象校企工作室制作，交由桂花中学团委初审，最后交由莲花电视台编辑部终审。

卢导将此工作指派给工作室的音频录制组和影视后期组的实习生，由音频录制组负责录制声音，影视后期组负责收集整理视频素材和音乐素材并合成视频，制作周期为3天，剪辑合成电台视频。

◆ 项目分析

卢导要求电台视频剪辑要声音与视频主题相结合，在选取素材方面，要结合电台文案进行筛选，通过音频处理技巧将视音频结合起来，剪辑主线主要为增加主播和观众的互动，总时长为5min左右。影视后期组根据卢导的要求进行电台视频创作。

— 61 —

项目最终效果图如图1-195所示

图 1-195

◆ 必备知识

在制作本项目之前，须具备以下知识：在Premiere中新建项目序列、导入视频和音频以及视频和音频基本剪辑的方法。

◆ 项目实施

基本知识

Premiere除了视频编辑外，还可对音频素材进行编辑、添加音效、修改左右声道和制作立体声等，此外也可以在时间线面板中进行音频合成工作。

小提示

为了方便制作，本项目中均展开了所有的音频轨道显示音频波形。

1. 新建项目和序列

1）启动Premiere软件，弹出"欢迎使用Adobe Premiere Pro"界面，单击"新建项目"按钮，打开"新建项目"对话框，在"位置"选项处选择保存文件路径，在"名称"文本框中输入文件名"旅行的意义"，如图1-196所示，单击"确定"按钮，弹出"新建序列"对话框，在左侧列表中展开"DV-PAL"→"宽银幕48kHz"，如图1-197所示，单击"确定"按钮。

图 1-196

图 1-197

2）在"项目"面板中双击空白区域或者按<Ctrl+I>组合键，打开"导入"对话框，选择"Chap1.4旅行的意义\素材\01.avi、背景音乐.mp3、广播音乐.mp3"文件，单击"打开"按钮，导入文件，如图1-198所示。

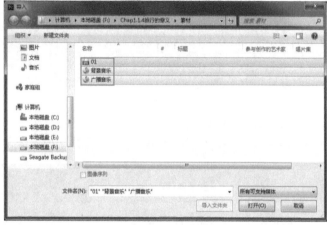

图 1-198

2. 编辑视频与音频

1）将"01"文件拖到"时间线"面板中的"视频1"轨道上，在文件上单击鼠标右键，在弹出的快捷菜单中选择"解除视音频链接"，将原素材文件视频与声音分离，如图1-199所示。

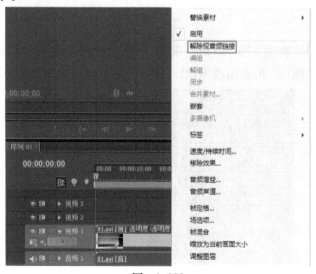

图 1-199

基本知识

分离视音频链接：在编辑中，经常需要将"时间线"面板中的视频和音频解除链接进行分离，重新编辑素材的各个部分。

Premiere中音频和视频素材有两种链接关系：硬链接和软链接。

硬链接：链接的视频和音频来自于一个影片文件，是在素材输入Premiere之前就建立的，在"项目"面板中只显示一个素材，在"时间线"面板中显示为相同颜色，如图1-200所示。

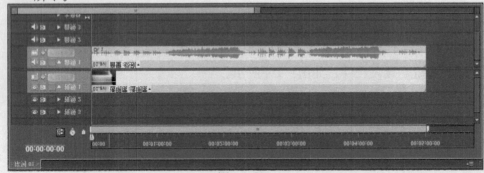

图 1-200

软链接：是在"时间线"面板建立的链接，可以在"时间线"为音频和视频素材建立软链接，在"时间线"面板中显示为不同颜色，如图1-201所示。

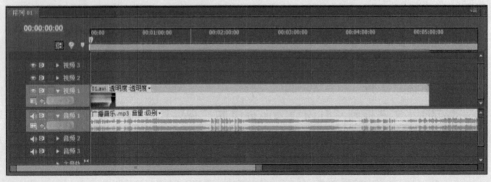

图 1-201

2) 选择"视频1"轨道上的"01.avi"文件，进入其特效控制台，展开"视频效果"中的"运动"选项，将"缩放"的数值改为125，如图1-202所示，效果如图1-203所示。

图 1-202

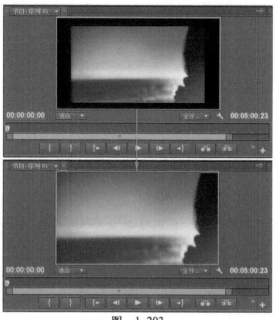

图 1-203

3）将"背景音乐.mp3"文件拖到"时间线"面板中"音频2"轨道上，将时间线定位在00:00:15:18，将鼠标放置在"背景音乐.mp3"结尾处，当鼠标变成 时，拖动文件一直到时间线所在位置，如图1-204所示。

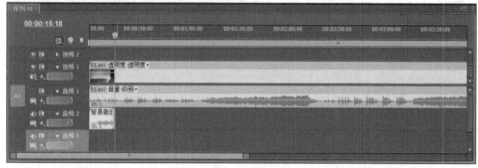

图 1-204

4）将"广播音乐.mp3"文件拖到"时间线"面板中的"音频2"轨道上，接在"背景音乐.mp3"之后，将时间线定位在00:08:23:16上，将鼠标放置在"广播音乐.mp3"头处，当鼠标变成 时，拖动文件一直到时间线所在位置，如图1-205所示。拖动"广播音乐.mp3"放置在"背景音乐.mp3"结尾处，两个素材首尾相接，如图1-206所示。

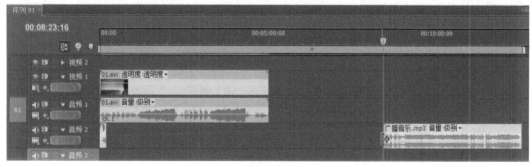

图 1-205

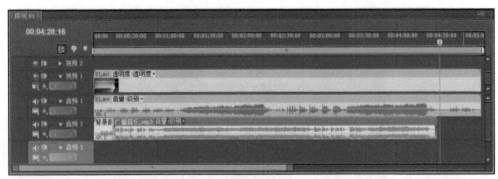

图 1-206

5）将时间线定位在00:00:20:20，将鼠标放置在"音频1"轨道的"01.avi"文件开头处，当鼠标变成 时，拖动文件一直到时间线所在的位置，移动缩短后的"01.avi"文件与"音频2"轨道上的"广播音乐"文件开头齐平，如图1-207所示。

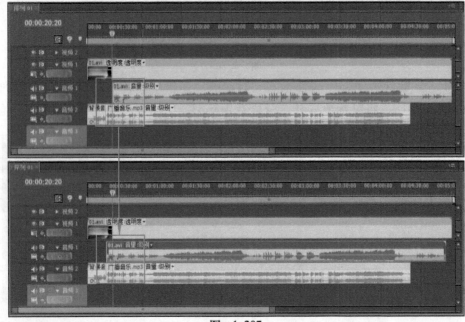

图 1-207

6）将时间线定位在00:00:47:24，将鼠标放置在"音频1"轨道的"01.avi"文件结尾处，当鼠标变成 时，拖动文件一直到时间线所在位置，将鼠标放置在"视频1"轨道的"01.avi"文件结尾处，当鼠标变成 时，拖动文件与"音频2"轨道结尾处平齐，如图1-208所示。

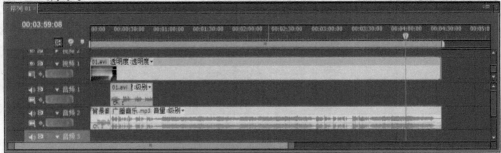

图 1-208

3. 使用调音台调节音频

1）选中"音频2"轨道中的"广播音乐"，单击菜单栏上的"窗口"，选择"调音台"，调出"调音台"面板，将时间线定位在00:00:00:00，单击播放，调音台中会出现绿色的音量显示，如图1-209所示。

图 1-209

基本知识

"调音台"面板：由若干个轨道音频控制器、主音频控制器和播放控制器组成，每个控制器包含了控制按钮、音量调节滑杆和声音调节滑轮，如图1-210所示，可以实时混合"时间线"面板中每个轨道的音频对象，对相应的音频控制器进行调节。

轨道音频控制器：用于调节其相对应的轨道上的音频对象，控制器1相对应"音频1"轨道上的音频，控制器2相对应"音频2"轨道上的音频，依此类推。轨道音频控制器的数量由"时间线"上的音频轨道数量而定，如果在"时间线"上添加了音频轨道，则在"调音台"会自动添加一个轨道音频控制器。

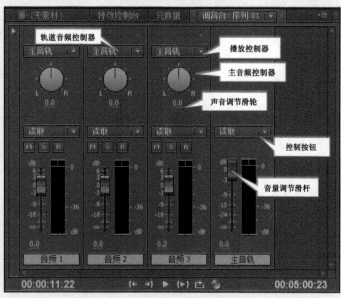

图 1-210

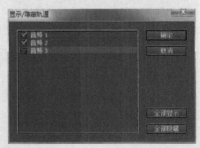

控制按钮：可以设置音频调节时的调节状态，单击"静音轨道"按钮▥，该轨道处于静音状态；单击"独奏轨"按钮▧，其他未选中独奏按钮的轨道音频会自动设置为静音；单击"激活录制轨"按钮▨，可以利用输入设备将声音录制到目标轨道上。

声音调节滑轮：可以使用其来调节播放声道，向左转滑轮，输出到左声道（L），向右转滑轮，输出到右声道（R）。

音量调节滑杆：可以控制当前轨道音频的音量，向上拖动滑杆，可以增加音量，向下拖动滑杆，可以减小音量。下方红框框选的数值为显示当前音量分贝大小，可以单击直接在其中输入声音分贝数。在播放音频的时候，音量表会显示音频播放时的音量大小，顶部小方块▥▥显示系统所能处理的音量极限，当该处显示为红色时，表示该音频音量过大超过极限，需要进行调节，如图1-211所示。

图 1-211

播放控制器：用于音频播放，和监视器面板中的播放控制栏的使用方法相同。

检查评价

在了解了"调音台"面板的基本情况后，为了更方便地使用"调音台"面板，可以在"调音台"面板右上角单击进行更多设置。

设置"调音台"面板：单击"调音台"面板右上角的▥▥，可以在快捷菜单中进行相关设置。

"显示/隐藏轨道"：可以对"调音台"面板中的轨道进行隐藏和显示，如图1-212所示。

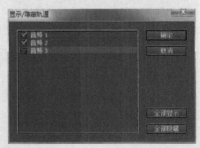

图 1-212

"显示音频时间单位"：可以在"时间线"面板上体现音频单位，如图1-213所示。

图 1-213

"循环"：选中后可以循环播放音乐。

2）当播放音频到00:00:17:13时会发现"音频2"顶部小方块显示红色，向下拖动音量调节滑杆或在下方数值中输入"-4"，可让音量变小，如图1-214所示。

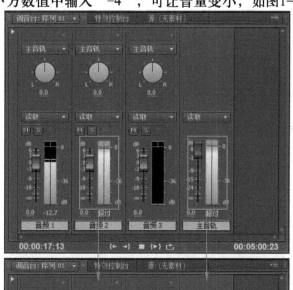

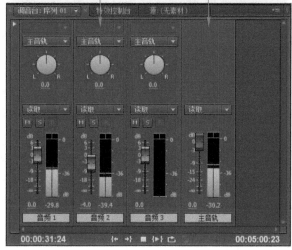

图 1-214

4. 为音频添加特效

1) 选中"音频2"轨道上的"背景音乐.mp3"文件，将"效果"面板中的"音频特效"展开，选择"平衡"特效，将其拖到"背景音乐.mp3"上。打开"特效控制台"，展开"平衡"选项，将时间线定位在00:00:02:16上，单击"平衡"选项前面的"记录动画"按钮，将数值调整为-100，设置只有左声道有声音，记录下动画关键帧，如图1-215所示。

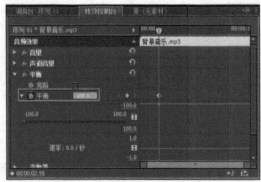

图 1-215

2) 将时间线定位在00:00:06:05上，单击"平衡"选项后面的"添加/移除关键帧"按钮，将数值调整为0，设置左右声道有声音，记录下动画关键帧，如图1-216所示。

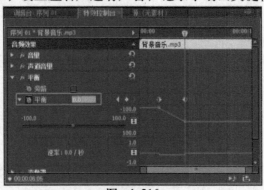

图 1-216

3) 将时间线定位在00:00:09:10上，单击"平衡"选项后面的"添加/移除关键帧"按钮，将数值调整为100，设置右声道有声音，记录下动画关键帧，如图1-217所示。

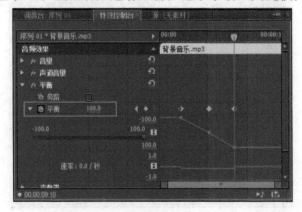

图 1-217

4）将时间线定位在00:00:12:18上，单击"平衡"选项后面的"添加/移除关键帧"按钮■，将数值调整为0，设置两个声道都有声音，记录下动画关键帧，如图1-218所示。

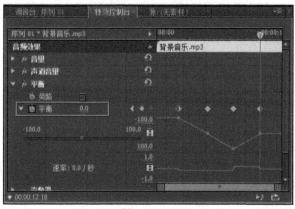

图　1-218

5）将"效果"面板中的"音频过渡"展开，选择"交叉渐隐"中的"指数型淡入淡出"特效，将其拖到"背景音乐"的结尾上，如图1-219所示。

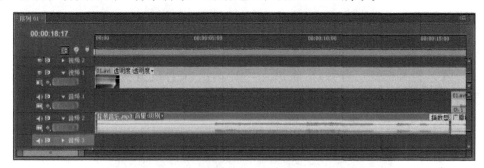

图　1-219

小提示：

为音频结尾或开头添加"指数型淡入淡出"可以自然过渡两段音频的衔接，除了本项目讲到的方法外，还可以用到以下方法达到淡化音频的效果。

单击轨道前的"显示关键帧"按钮■，弹出选项框，选择"显示轨道关键帧"命令，如图1-220所示。将时间线分别定位到00:00:12:24、00:00:15:18和00:00:16:00，单击"添加-移除关键帧"按钮■，添加3个轨道关键帧，如图1-221所示。选择"钢笔"工具■或"选择"工具■，拖动压低第2个关键帧，进行音量调节，递减的黄线为音频淡出，递增的黄线为音频淡入，如图1-222所示。

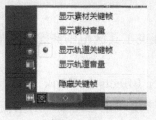

图　1-220

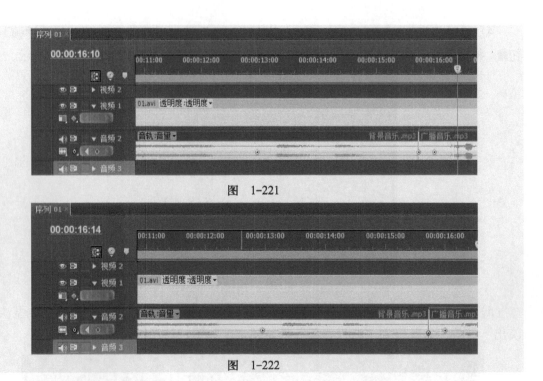

图 1-221

图 1-222

6）将"效果"面板中的"音频过渡"展开，选择"交叉渐隐"中的"指数型淡入淡出"特效，将其拖到"音频1"轨道上"01.avi"文件的开头处，在"特效控制台"中调整特效持续时间为00:00:00:15，如图1-223所示。同理将"指数型淡入淡出"特效放在"01.avi"文件结尾处。

图 1-223

5. 预演视频并渲染输出

1）在"时间线"面板中拖曳工具区范围条 [▬▬▬▬▬] 的两端，以确定要生成影片预演的范围。

2）选择"序"→"Render Effects in Work Area（渲染工作区域内的效果）"命令，系统将开始进行渲染，并弹出"正在渲染"对话框显示渲染进度。

3）选择"文件"→"导出"→"媒体"命令，在弹出的对话框右侧的选项区域中进行文件格式及输出区域等设置，设置输出格式为"Microsoft AVI"，预设为PAL DV宽银屏，选中"导出视频"和"导出音频"复选框，单击"输出名称"，选择保存路径并更改名称为"旅行的意义"，如图1-224所示。

图　1-224

4）单击"队列"按钮，跳转至Adobe Media Encodr界面，单击"Start Queue（Return）"（开始渲染）按钮，开始导出视频，输出完毕后，关闭窗口，或单击"导出"按钮，直接导出视频文件。

5）选择"文件"→"保存"命令，将项目文件进行保存。可按<Ctrl+S>组合键快速保存。

6. 项目审核和交接

1）本项目由工作室成员完成后，交由工作室主管审核。

2）经过主管审核后，需修改的部分进行首次修改。

3）再由主管交付至客户审核，根据客户的意见，工作室成员进行二次修改。

4）一般经过两到三次的修改后，最终完成项目的审核和交接。

◆ 项目拓展

请读者利用本书配套资源"Chap1.4 旅行的意义/项目拓展"文件夹内的素材进行制作。

制作要求：

1）在源文件上替换"广播音乐.mp3"里的广播内容，截取第一段广播进行编辑。

2）在源文件上删除"01.avi"的音频，替换背景音乐，并在"特效控制台"中编辑声道音量，左右声道调整为-15.0dB。

■ 项目评价

在本项目中，通过学习掌握了"调音台"的基础知识和使用，掌握了如何调节音频及添加音频特效。选取"旅行的意义"这个项目来了解校园电台的制作流程。通过本项目的学习，做一个项目评价和自我评价，见表1-5。

表1-5　项目评价和自我评价

校园电台放送——旅行的意义	很满意	较满意	有待改进	不满意
项目设计的评价				
项目的完成情况				
知识点的掌握情况				
与本组成员协作情况				
客户对项目的评价				
自我评价				

■ 实战强化

请读者利用本书配套资源中的"实战强化/Chap01校园社团/素材"文件夹内的素材制作校园电视节目《校园社团》。

▶▶▶ 单元小结

本单元通过校园电视台的栏目制作，使读者了解和掌握了视频媒体的基本理论知识、Premiere的入门基础知识、视音频的剪辑和特效制作，为之后制作商业视频打下了基础。

第2单元

影楼写真制作篇

本单元为影楼写真制作篇,主要包括个性写真专辑、毕业纪念册等。客户找到水晶印象校企工作室,与该工作室达成协议,在规定时间内完成符合客户要求的影片。水晶印象校企工作室接到任务后,安排影视后期组完成项目制作。影视后期组的成员创作力强,通过Premiere的视频特效、视频切换、字幕等操作,与Photoshop图像处理软件相结合进行设计,影片突显个性,视觉冲击力强。

▰▰▰▰ ▶▶▶ 学习目标

知识目标:

1)掌握Premiere的视频特效轨道遮罩键、裁剪、运动、风格化、镜像、更改颜色、扭曲、摄像机视图等操作。

2)理解视频切换,并熟悉叠化、伸展字幕、划像交叉等切换效果。

3)掌握字幕、字幕标记、字幕工具等操作。

4)掌握Photoshop图像处理的画笔工具和图层的操作。

5)会将Photoshop图像处理软件和Premiere影视编辑软件进行综合运用。

技能目标:能通过Premiere软件制作影楼写真影视作品。

情感目标:培养解决问题的能力和客户沟通能力。

项目1 个人写真——个性写真专辑 <<<

■ 项目情境

晓晓的妈妈在国企上班,在休息时间喜欢与同事们聊家常,A同事说她的女儿考上了清华大学,B同事说她的儿子保送到国外留学,C同事说她的女儿拿了国家级奖项。晓晓妈妈心想,我女儿很有表演天赋,应该寻找多种途径,让她有更多的表现机会,更出众,将来成为一个有名的明星。首先她想到要制作一个写真专辑,于是找到了水晶印象校企工作室,要求制作一个个性写真专辑。

◆ 项目分析

水晶印象校企工作室的影视后期组成员根据客户提供的生活照和校园照片,将影片设计风格定为明亮鲜艳,用活泼生动的动画突出个性特点。片头采用一个简短而动感十足的视频引出个性写真专辑和主人物,随后通过Premiere的视频特效和切换效果精彩展示每一个画面,结尾处用更改颜色特效变换人物衣服颜色的动态效果,达到别具一格的视觉效果。

项目最终效果图如图2-1所示。

图　2-1

◆ **必备知识**

制作本项目时须具备以下知识：新建项目序列、导入各种类别的素材、特效控制台中"运动"选项的操作。

◆ **项目实施**

1. 制作片头

1）新建一个项目文件，项目名称为"个性写真专辑"，如图2-2所示。序列名称为"片头制作"。然后选择"编辑"菜单中的"首选项"→"常规"选项，设置"视频切换默认持续时间"为25帧，"静帧图像默认持续时间"为125帧。

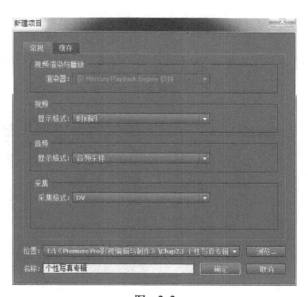

图　2-2

2）新建一个"默认静态字幕"，名称为"标题文字"。在左边工具栏中单击"输入工具"按钮，在字幕编辑区输入文字"个性写真专辑"，应用"字幕样式"  ，在"字幕属性"面板中，将"字体"设置为HYWaWaZhuanJ，分别选中"个性"和"专辑"，设置"字体大小"为64，展开"描边"选项中的"外侧边"，设置"外侧边类型"为凸出，"大小"值为10，"填充类型"为线性渐变，"个性"的颜色为天蓝（#02F8C7）到淡蓝色（#D6FFFF），"专辑"的颜色为淡蓝色（#D6FFFF）到天蓝（#02F8C7），如图2-3所示。

3）选中"写真"两个字，在"字幕属性"面板中，设置"字体大小"为79，展开"填充"选项，将"填充类型"设置为四色渐变，设置四个颜色分别为红、黄、黄、红，如图2-4所示。

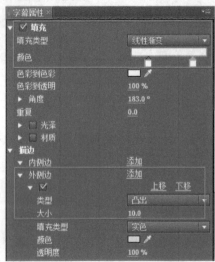

图 2-3   图 2-4

4）此时，"字幕"窗口中的文字效果如图2-5所示。

5）导入"片头.wmv"和"0.psd"文件，将"片头.wmv"拖至视频1开头处，在当前时间为00:00:06:00的位置，将"0.psd"拖至视频2上，入点在00:00:06:00的位置，"标题文字"拖至视频3 开头处，调整"标题文字"与"0.psd"两个素材的长度，使其与视频1的"片头.wmv"的出点对齐，如图2-6所示。

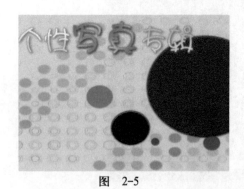   

图 2-5   图 2-6

6）单击"效果"面板，将"视频特效/变换/裁剪"特效拖至视频3"标题文字"

上，再单击"特效控制台"面板，展开"裁剪"选项，当前时间为00:00:00:00，单击"右侧"前面的"码表"添加关键帧，设置"右侧"参数值为100，如图2-7所示。在00:00:06:23的位置，设置"右侧"值为0，如图2-8所示。

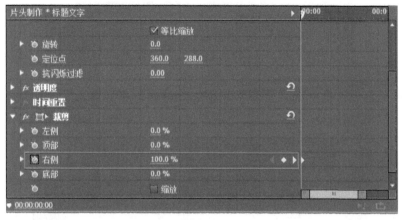

图　2-7

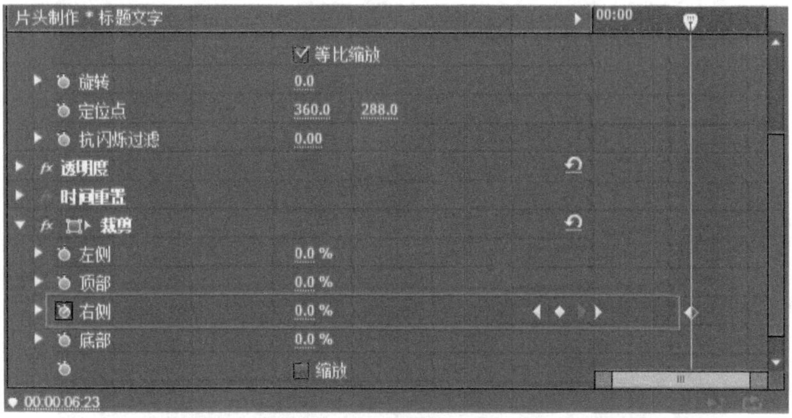

图　2-8

7）此时，在"节目监视器"窗口中可以看到文字逐个出现的效果，如图2-9所示。

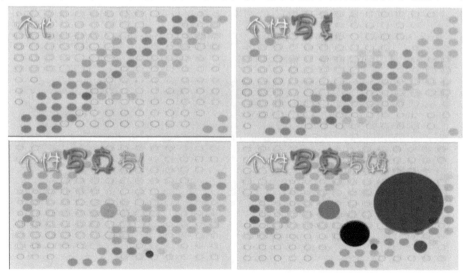

图　2-9

8）选中视频2中的"0.psd"素材，在"特效控制台"面板中，将时间轴拖至开头处，即00:00:06:00的位置，展开"缩放"选项，取消"等比缩放"的勾选，设置"缩放高度"值为189.4，"缩放宽度"值为175.4，如图2-10所示。

图 2-10

9）单击"位置"前面的"码表"并添加关键帧，然后单击"运动"一栏，使其高亮显示，在"节目监视器"窗口中将出现一个有中心点的矩形框，如图2-11所示。

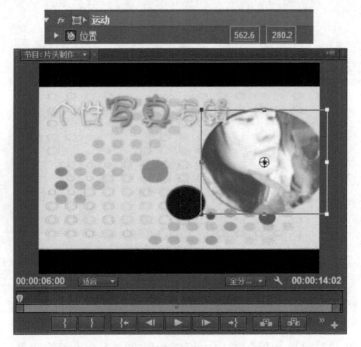

图 2-11

10）这样可以通过拖动矩形框的位置来改变素材的位置，使该素材跟着片头中的圆运动。如图2-12所示，拖动矩形框时，在"位置"栏中生成的关键帧，在"节目监视器"窗口中有对应帧的变化，如图2-13所示。

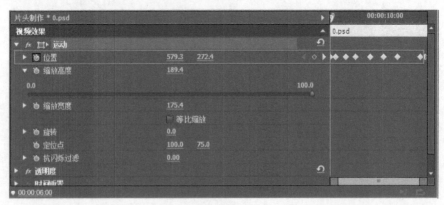

图 2-12

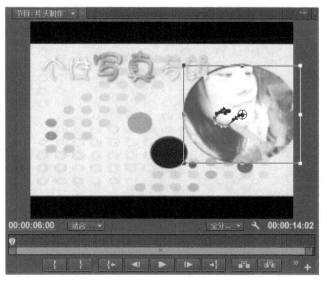

图 2-13

2. 对图片进行装饰

1）新建一个序列，序列名称为"对图片进行装饰"，导入"相片"文件夹。

2）选中相片文件夹中的"23.jpg""24.jpg"两个图片文件并拖至视频1，将"效果面板/视频切换/叠化/交叉叠化（标准）"特效分别拖至"23.jpg"和"24.jpg"的入点处，如图2-14所示。

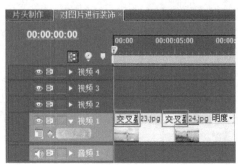

图 2-14

3）单击视频1的"23.jpg"图片，在当前时间00:00:01:21的位置处单击"特效控制台"面板中的"缩放"选项前面的"码表"并添加关键帧，"缩放"参数值为100，如图2-15所示。

图 2-15

— 81 —

4）在当前时间00:00:03:09的位置，设置"缩放"值为183，如图2-16所示。

图　2-16

5）单击视频1的"24.jpg"图片，将"效果面板/视频特效/风格化/复制特效"拖至该素材上，然后展开"特效控制台"面板中的复制选项，在当前时间为00:00:05:00的位置处单击"计数"前面的"码表"并添加关键帧，设置"计数"值为3，如图2-17所示。

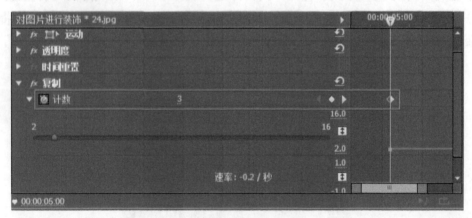

图　2-17

6）在当前时间为00:00:07:10的位置处设置"计数"值为2，如图2-18所示。

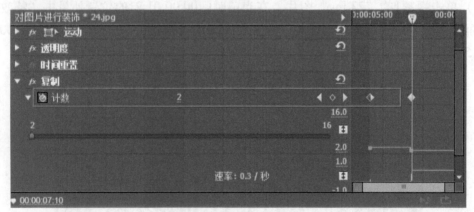

图　2-18

7）此时，"节目监视器"窗口可以看到的效果变化如图2-19所示。

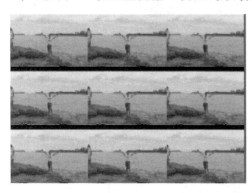

图 2-19

8）在"项目"窗口中，将"24.jpg"图片拖至视频1，与前面的素材相连接，在该素材上单击鼠标右键，在弹出的快捷菜单中选择"速度/持续时间"命令，调整其"持续时间"为00:00:02:18，如图2-20所示。

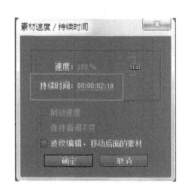

图 2-20

9）在当前时间00:00:10:08的位置处单击"特效控制台"面板的"缩放"选项前面的"码表"并添加关键帧，"缩放"参数值为100。在当前时间00:00:11:22的位置处设置"缩放"值为183。

10）接着，将"1.jpg"拖到视频1，与"24.jpg"图片相连接。选中该图片，在当前时间00:00:12:18的位置处单击"特效控制台"面板的"位置"选项前面的"码表"并添加关键帧，设置"位置"的"水平方向"为-152.8，"垂直方向"为282.2，如图2-21所示。

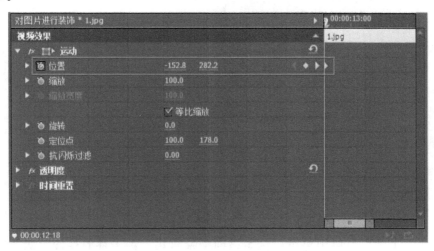

图 2-21

11）在当前时间00:00:14:05处设置"位置"的"水平方向"为219.2，如图2-22所示。

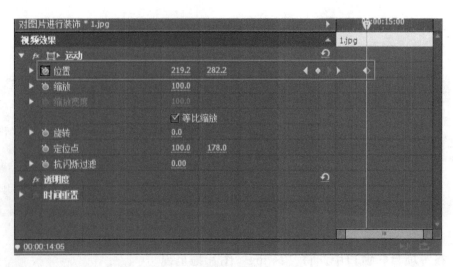

图　2-22

12）在当前时间为00:00:13:23的位置，将"2.jpg"拖至视频2，其入点在00:00:13:23的位置。并在"特效控制台"面板中设置"位置"为"水平方向"为880.7，"垂直方向"为282.2。在当前时间为00:00:14:21的位置处设置"位置"为"水平方向"为515.4。

13）新建一个静态字幕，字幕名称为"背景"，在"字幕属性"中，选中"背景"复选框，"填充类型"为线性渐变，"颜色"为黄色（#EFDC59）到橙色（#F67738）的渐变，"角度"值为27，"重复"值为1，如图2-23所示。

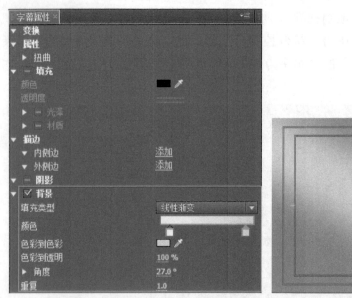

图　2-23

14）在"字幕"窗口中单击"基于当前字幕新建"，字幕名称为"竖线条"，单击"圆角矩形"工具，在字幕编辑区绘制出一个竖直的矩形，在"字幕属性"面板中，设置"宽度"为27.6，"高度"为429，选中"填充"复选框，设置"填充类型"为斜面，"高光色"为红色，"高光透明度"为74，"阴影色"为黄色，"阴影透明度"为84，"平衡"为-48，"大小"为57，勾选"变亮"复选框，"照明角度"为51，"亮度"为28，选中"阴影"复选框，如图2-24所示。

15）继续创建一个名为"横线条"的字幕，将前面的竖线条进行旋转方向变成横线条，调整位置，最后横线条和竖线条的位置如图2-25所示。

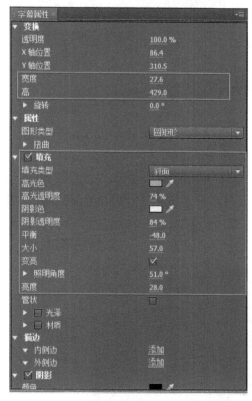

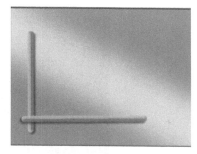

图 2-24 　　　　　　　　　　　　　　图 2-25

16）将"背景"字幕拖至视频1，与该轨道上的"1.jpg"图片相连接。将"竖线条"字幕拖至视频2，与"2.jpg"相连接。将"横线条"字幕拖至视频3，其入点与"竖线条"入点对齐。将"40.jpg""26.jpg""47.jpg""49.jpg"4个图片依次拖至视频4上00:00:19:01的位置，调整"背景""竖线条""横线条"的长度，其出点与视频4素材对齐，如图2-26所示。

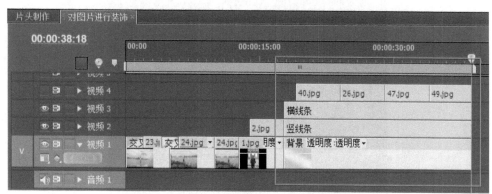

图 2-26

17）在"特效控制台"面板中，调整"40.jpg""26.jpg""47.jpg""49.jpg"4个图片的大小和位置，如图2-27所示。

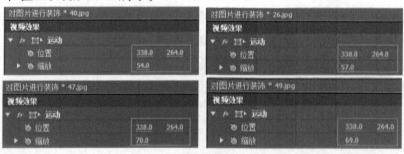

图　2-27

18）将"效果面板/视频切换/叠化/胶片溶解"特效分别拖至"40.jpg"和"47.jpg"入点处，将"交叉伸展"特效分别拖至"26.jpg"和"49.jpg"入点处。

19）将"22.jpg"拖至视频1，与前面的素材相连接，添加"效果面板/视频特效/扭曲/镜像"到"22.jpg"素材上，选中该素材，在当前时间为00:00:38:21处，展开"特效控制台"面板中的"镜像"选项，单击"反射中心"前面的"码表"并添加关键帧，设置其值为"-95，225"，"镜像角度"设置为180，如图2-28所示。

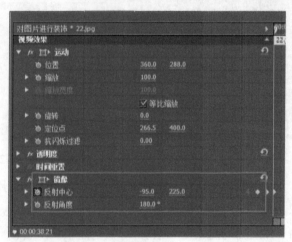

图　2-28

20）在当前时间为00:00:39:23处，将"反射中心"设置为"87，225"，如图2-29所示。

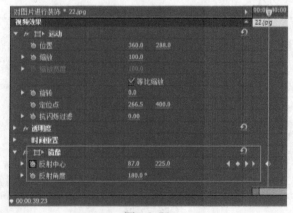

图　2-29

21）现在从"节目监视器"窗口可以看到图像的镜像效果，如图2-30所示。

图　2-30

22）将"38.jpg"拖至视频1中"22.jpg"图片的后面，添加"效果面板/视频特效/色彩校正/更改颜色"到该素材上，选中该素材，展开"特效控制台"面板中的"更改颜色"选项，单击选中"要更改的颜色"选项右侧的"吸管工具"，返回"节目监视器"窗口，在画面中人物衣服上单击吸取颜色。在"特效控制台"面板中，可以看到"要更改的颜色"选项的颜色块已经变成了与人物衣服一样的颜色，如图2-31所示。

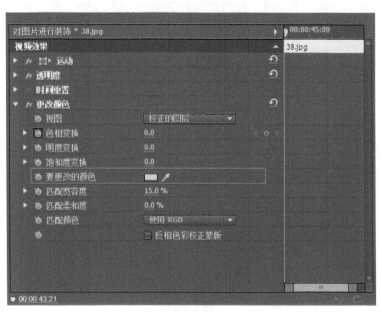

图　2-31

小提示：

在第一次确定待修改颜色时，选择大致接近的颜色即可。因为，必须在了解色彩的替换效果后，才能精确地调整"更改颜色"视频特效的应用效果。

23) 返回"特效控制台"面板，将"匹配柔和度"选项的参数值设置为7，"匹配颜色"设置为使用色相，如图2-32所示。

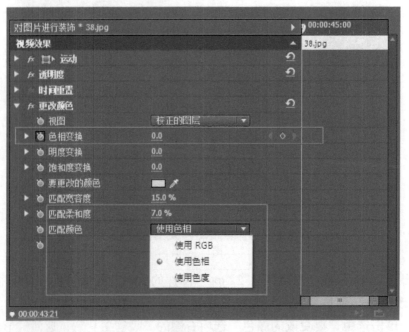

图 2-32

24) 设置当前时间为00:00:43:21处，单击"色相变换"选项前面的"码表"并添加关键帧，"色相变换"值为0，在当前时间为00:00:45:21处，将"色相变换"的参数值设置为360，如图2-33所示。

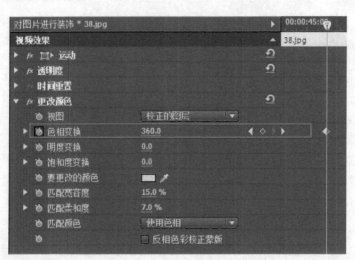

图 2-33

25) 在"节目监视器"窗口拖动时间滑块，可以看到画面中人物衣服颜色的动态变换效果。

26) 添加"效果面板/视频特效/风格化/边缘粗糙"特效到"38.jpg"素材上，在"特效控制台"面板中设置其参数值，如图2-34所示。

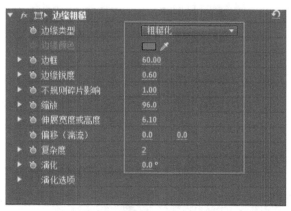

图 2-34

27）此时，在"节目监视器"窗口看到的效果如图2-35所示。

图 2-35

3. 合成序列并输出

1）新建一个名称为"合成效果"序列，分别将序列"片头制作""对图片进行装饰"拖至视频1，如图2-36所示。

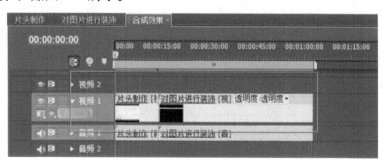

图 2-36

2）分别选中视频1的"片头制作"和"对图片进行装饰"，单击鼠标右键，在弹出的快捷菜单中选择"解除视音频链接"命令，取消视频和音频的链接，将音频1轨道上的音频文件删除。

3）添加背景音乐。导入"背景音乐.mp3"音频素材，并将素材拖曳至音频1轨道上。音频时间总长为3min，但"合成效果"序列总时间为00:01:03:03，需要对音频进行裁剪。将指针移至00:01:03:03处，使用"剃刀工具"裁剪音频，并删除后面的音频。

4）添加音频特效。对"背景音乐.mp3"前后各添加1s的"音频过渡/交叉渐隐/指数型淡入淡出"特效，使首尾的音乐淡入淡出，最终效果如图2-37所示。

图 2-37

5）选择菜单栏"文件"→"导出"→"媒体"命令，弹出"导出设置"对话框，导出名称为"个性写真专辑.avi"。

■ 项目拓展

请读者利用本书配套资源中的"Chap2.1 个性写真专辑/项目拓展"文件夹内的素材进行制作。

制作要求：

1）参照前面学习的"个性写真专辑"特效，用已有的知识继续对素材进行创意编辑，制作出个性化的写真专辑。

2）添加合适的背景音乐。

■ 项目评价

在本项目中，学习了如何使用Premiere软件制作"个性写真专辑"，熟悉合理利用视频特效和切换效果制作出一个别具风格的视频。通过本项目的学习，做一个项目评价和自我评价，见表2-1。

表2-1　项目评价和自我评价

个性写真专辑	很满意	较满意	有待改进	不满意
项目设计的评价				
项目的完成情况				
知识点的掌握情况				
与本组成员协作情况				
客户对项目的评价				
自我评价				

项目2 集体写真——毕业纪念册 <<<

■ 项目情境

桂花职业学校11网络班的班干部围坐一起，讨论怎么给毕业增添些色彩和回忆，学习委员提出做一个毕业纪念册影片，把三年的点点滴滴记录下来，留下最真的足迹，这样的回忆是永远都磨灭不掉的。于是找到水晶印象校企工作室，要求制作一个毕业纪念册。制作一个时尚的毕业纪念册已成了现在的流行风，水晶印象校企工作室已接到二十几个订单。

◆ 项目分析

该项目由11网络班提供相关图片素材，以及学生自选的背景音乐，水晶印象校企工作室根据学生的要求和爱好，从以下几点进行毕业纪念册的设计：标题片头制作、转动的画面、画面擦除效果、字幕动画制作、片尾，如图2-38所示。

图 2-38

◆ 必备知识

学习本项目，必须具备以下知识：理解序列、导入文件夹、字幕基础。

◆ 项目实施

1. 标题片头制作

1）新建一个名为"毕业纪念册"的项目，序列名为"片头"，如图2-39所示。

2）双击"项目"面板，导入"标题字幕背景.psd"和"毕业纪念册.psd"，将"标题字幕背景.psd"拖至视频1开头处，此时，需要选中视频1上的"标题字幕背景.psd"素材，单击鼠标右键，在弹出的快捷菜单中选择"缩放为当前画面大小"命令，才能使背景画面满屏显示。

3）将当前时间设置为00:00:00:05，将"毕业纪念册"中的第一个字"毕/毕业纪念册.psd"拖至视频2的00:00:00:05处，如图2-40所示。

— 91 —

图 2-39

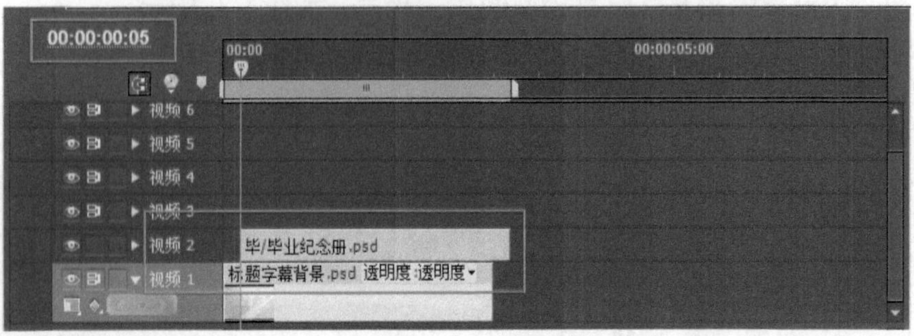

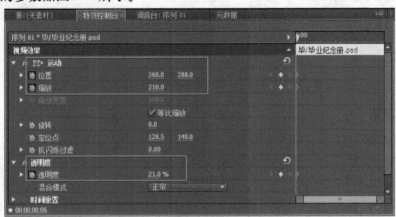

图 2-40

4）选中视频2上的素材，单击"特效控制台"，给"运动"选项的"位置"和"缩放"添加关键帧，"缩放"值为210，给"透明度"添加关键帧，"透明度"值为21%，设置的参数如图2-41所示。

图 2-41

小提示：

改变"特效控制台"面板中的数值，也可以直接将光标定位在数值上，按住鼠标左键拖动。

5）此时，可以从"节目监视器"窗口看到图像放大和透明的效果，如图2-42所示。

图　2-42

6）在00:00:01:05处，设置"位置"的"水平方向"值为115，"缩放"为65，"透明度"值为100%，设置的参数如图2-43所示。

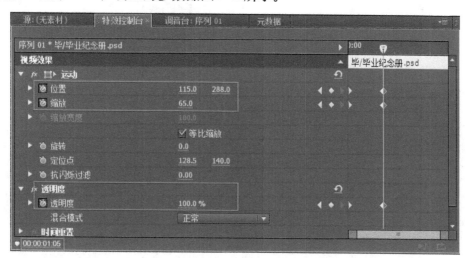

图　2-43

小提示：

"00:00:01:05"时间段的输入技巧：可以选中这个时间，直接输入105数字即可。

7）此时，可以从"节目监视器"窗口看到修改后的图像位置、缩放和透明的效果，如图2-44所示。

8）将"运动"和"透明度"属性粘贴到视频3，在00:00:01:05处，将"业/毕业纪念册.psd"拖至视频3，确认在时间线窗口中选择视频2的"毕/毕业纪念册.psd"素材，在"特效控制台"面板中，按住<Ctrl>键，选择"运动"和"透明度"，并单击鼠标右键，在弹出的快捷菜单中，选择"复制"命令，如图2-45所示。

图　2-44

影楼写真制作篇

9）单击视频3的"业/毕业纪念册.psd"素材，在"特效控制台"面板中选择"运动"，并单击鼠标右键，在弹出的快捷菜单中选择"粘贴"命令，如图2-46所示，即可将视频2素材的"运动"和"透明度"属性复制到视频3素材，自动创建与复制的素材相同的动画，并在00:00:02:05处，将"位置"的"水平方向"设置为243，如图2-47所示。

图 2-45

图 2-46

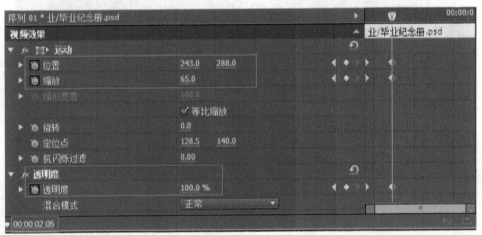

图 2-47

10）使用同样的粘贴方法，分别将"纪""念""册"素材拖至视频4、视频5、视频6轨道上，且"纪""念""册"素材的入点分别为00:00:02:05、00:00:03:05、00:00:04:05的位置，选择"纪""念""册"素材，将"运动"和"透明度"属性粘贴至其中，在00:00:03:05处改变"纪"素材的"位置"，"水平方向"为370，如图2-48所示。在00:00:04:05处改变"念"素材的"位置"，"水平方向"为488，如图2-49所示。在00:00:05:05处改变"册"素材的"位置"，"水平方向"为602，如图2-50所示。制作出渐变动画效果。

小提示：

　　添加轨道技巧，只需将素材拖动到要添加的轨道上，即可创建一个新轨道。

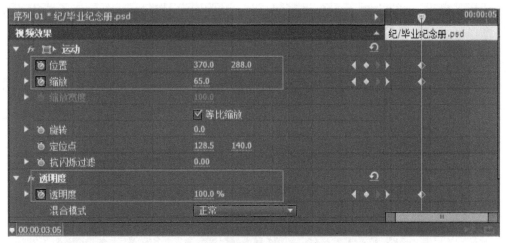

图 2-48

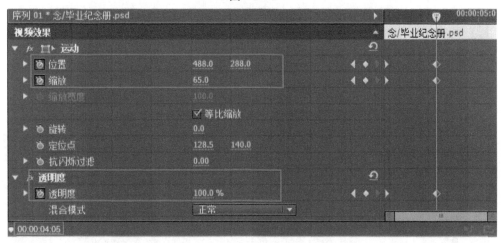

图 2-49

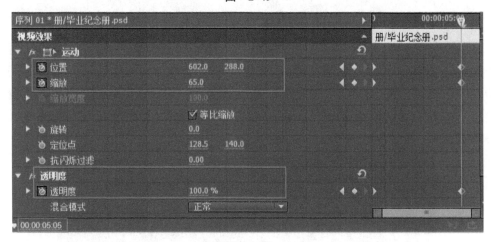

图 2-50

11）将标题字幕"背景.psd""毕/毕业纪念册.psd""业/毕业纪念册.psd""纪/毕业纪念册.psd""念/毕业纪念册.psd""册/毕业纪念册.psd"的出点都调整到00:00:05:11处对齐，如图2-51所示。

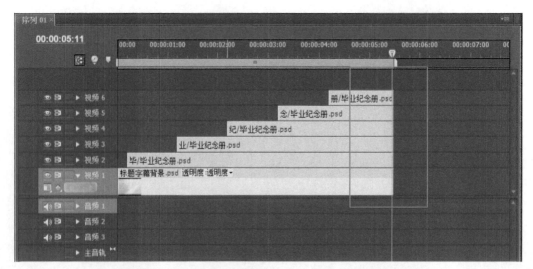

图 2-51

12）完成标题字幕动画的画面效果，如图2-52所示。

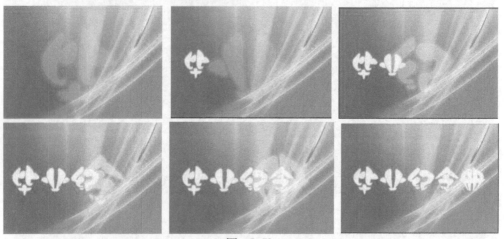

图 2-52

13）导入"片头.wmv""片头2.wmv""IMG_5205.jpg"到项目窗口，将"片头.wmv""片头2.wmv"拖至视频1的标题字幕"背景.psd"的后面，当前时间设置为00:00:10:06帧，将"IMG_5205.jpg"拖至视频2上，以00:00:10:06为起始位置，并设置为"缩放为当前画面大小"，将"IMG_5205.jpg"拖长到00:00:19:06处，如图2-53所示。

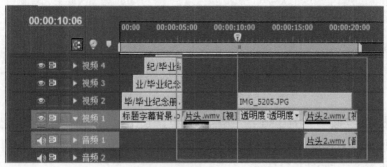

图 2-53

14）选中视频2上的"IMG_5205.jpg"素材，打开"效果"面板，将"视频特效/扭曲/边角固定"特效拖至该素材上，再单击"特效控制台"面板，展开"边角固定"选项，在时间为00:00:10:09处，单击"左上""右上""左下""右下"前的"码表"并添加关键帧，其数值如图2-54所示。

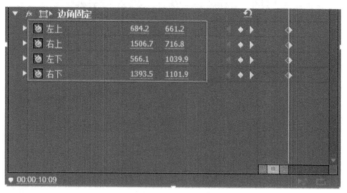

图 2-54

15）在时间为00:00:10:15处，改变"左上""右上""左下""右下"的数值，如图2-55所示。

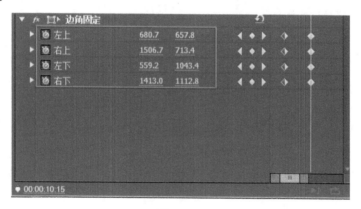

图 2-55

16）在时间为00:00:11:05处，改变"左上""右上""左下""右下"的数值，如图2-56所示。

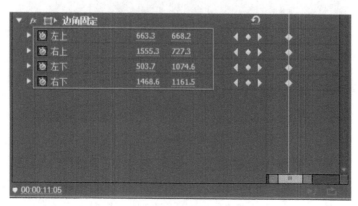

图 2-56

17）在时间为00:00:15:24处，改变"左上""右上""左下""右下"的数值，如图2-57所示。

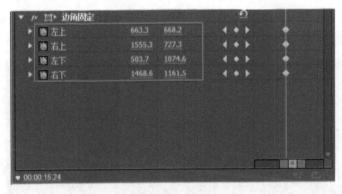

图 2-57

18）在时间为00:00:16:02处，改变"左上""右上""左下""右下"的数值，如图2-58所示。

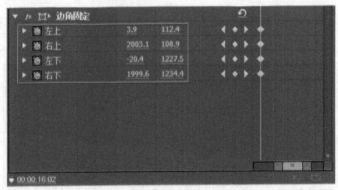

图 2-58

19）在时间为00:00:17:19处，改变"左上""右上""左下""右下"的数值，如图2-59所示。

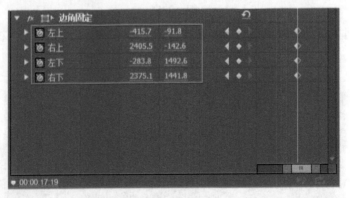

图 2-59

20）打开"效果"面板，选择视频"切换/叠化/交叉叠化"特效，将其拖至视频2上的"IMG_5205.jpg"素材的开始处和结束处，分别选中添加在"IMG_5205.jpg"素材上的交叉叠化效果，在"特效控制台"面板上，将其切换的"持续时间"设置为

1s。如图2-60和图2-61所示。

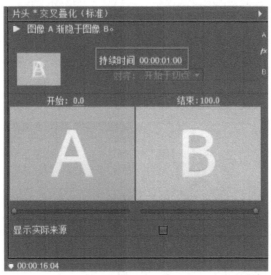

图　2-60

图　2-61

21）选中视频1的"片头2.wmv"，单击鼠标右键，在弹出的快捷菜单中选择解除视音频链接"命令，取消视频和音频的链接，将音频文件删除。

2. 转动的画面

1）选择菜单中的"文件"→"新建"→"序列"命令，将序列名称改为"转动的画面"，如图2-62所示。

2）导入"转动画面素材"文件夹，如图2-63所示，将"4.jpg"拖至视频1作为背景。

3）选择"字幕"菜单中"新建字幕"下的"默认静态字幕"命令，弹出一个"新建字幕"对话框，新建一个名称为"转动图片"的字幕文件，在"字幕"窗口中，从左侧的工具栏中选择"矩形工具" ，在字幕窗口中按住鼠标左键拖动，得到一个矩形。在"字幕属性"中的"属性"选项里，单击"图形类型"为"标记"，然后单击下面的"标记位图"按钮，在弹出的"选择材质图像"对话框中选择"IMGP2247.jpg"，选择"打开"，将这个图片导入到矩形框里，并且缩放至合适的大小，旋转合适的角度，如图2-64所示。

图 2-62

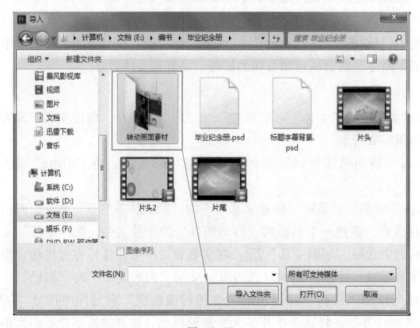

图 2-63

图 2-64

4）复制并粘贴矩形，选中粘贴的矩形，将"属性"中的"标记位图"改为"Negative0-02-0A（1）.jpg"图片，旋转合适的角度，其他6个图片使用同样的方法，分布放置形成一个圆环，如图2-65所示。

5）将"转动图片"的字幕拖至视频2中，与视频1的图片长度对齐。

6）在"时间线"窗口中，将时间移至00:00:00:00帧处，选中"转动图片"，在"特效控制台"面板中的"运动"选项里，

图 2-65

单击"旋转"前面的码表，记录动画关键帧。在00:00:00:00帧处为0°，在0:00:01:05帧处为360°，在00:00:02:24帧处为315°，如图2-66所示。

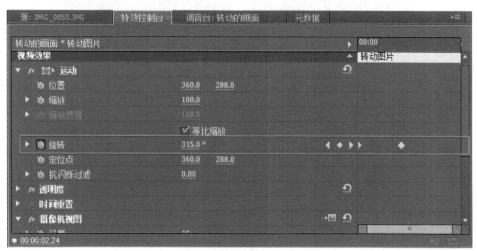

图 2-66

7）打开"效果"面板，展开"视频特效/变换/摄像机视图"，拖至视频2的素材上。

8）可以看到预览窗口中，"转动图片"有不透明的黑底色，在"特效控制台"面板中展开"摄像机视图"，单击"设置"按钮▦，在弹出的"摄像机视图设置"窗口中，将"填充"中的"填充Alpha通道"前面的勾选取消，单击"确定"按钮，这样不

透明的黑底色被取消了，如图2-67所示。

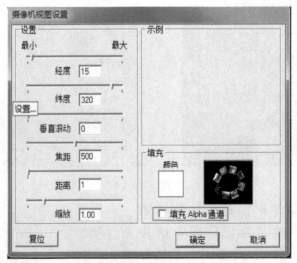

图 2-67

9）在"特效控制台"面板中的"摄像机视图"下，将"经度"设置为15，"纬度"设置为320，使"转动图片"有一个透视的角度，如图2-68所示。此时预览动画效果，"转动图片"在保持透视的角度下旋转，如图2-69所示。

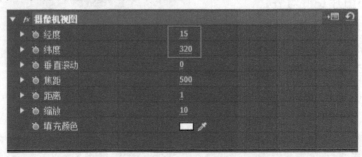

图 2-68

图 2-69

3. 画面擦除效果

1）打开Photoshop软件，设置"前景色"为白色，"背景色"为黑色，按住<Ctrl>键，在Photoshop桌面上双击，弹出"新建"对话框，在"名称"栏中输入"擦除的笔画"，"宽度"为520px，"高度"为400px，"分辨率"为72px/in，"颜色模式"为RGB，"背景内容"为背景色，如图2-70所示。

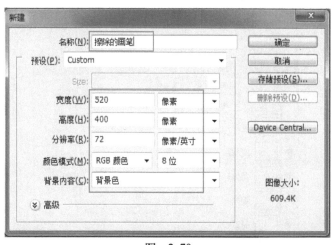

图　2-70

2）选择"画笔工具"中的"喷溅画笔"，设置"主直径"为100px，如图2-71所示。

3）新建一个图层，用"画笔工具"在画布中画出如图2-72所示的斜线。拖动该图层到图层面板的"创建新图层"按钮上，即可复制该图层，得到一个图层1副本，如图2-73所示，在图层1副本上再画出第二条斜线。

4）用同样的方法，绘制出其他几个画笔，如图2-74所示。

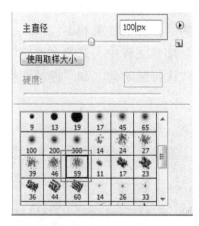

图　2-71

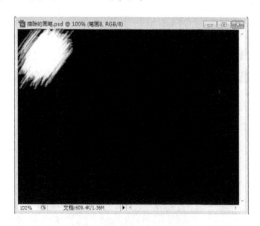

图　2-72

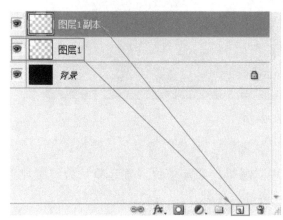

图　2-73

图　2-74

5）双击图层名称，从下到上（除背景）依次将图层名称改成"画笔1～画笔8"，如图2-75所示。

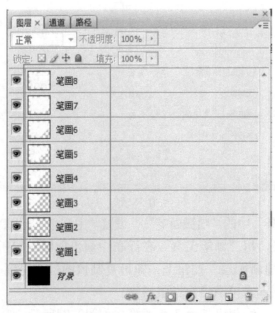

图　2-75

6）选择"文件"菜单中的保存为命令，保存为"擦除的效果.psd"。

7）打开Premiere CS6软件，在"毕业纪念册"项目文件中，选择"编辑"菜单中的"首选项"的"常规"选项，设置"视频切换默认持续时间"和"静帧图像默认持续时间"为10帧，如图2-76所示。

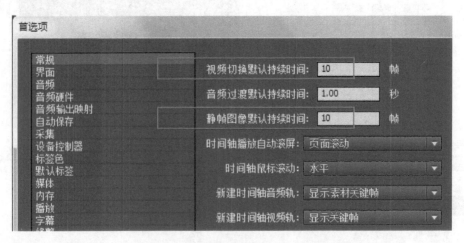

图　2-76

小提示：

　　要设置静态图像的持续时间，首先在"编辑"菜单中的"首选项"的"常规"选项中设置好静帧图像的默认持续时间，再导入图片。

8）新建一个序列，序列名称为"画面擦除效果"，将刚才绘制好的"擦除的效果.psd"

导入到项目窗口中，如图2-77所示。

9）将"笔画1～笔画8"按顺序拖动到视频1中，给"笔画1"的开头处添加"视频切换/光圈/划像交叉"效果。选中视频1中添加的"划像交叉"效果，在"特效控制台"面板上，将"持续时间"设置为00:00:00:05，将开始下面的A的中心点移至右上角，如图2-78所示。

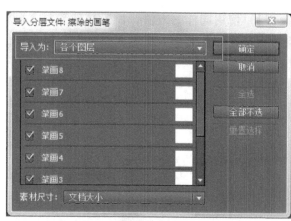

图 2-77

10）在"笔画1"和"笔画2"之间也添加（划像交叉效果），在"特效控制台"面板上，将开始下面的A的中心点移至左下角，如图2-79所示，使"笔画1"和"笔画2"的擦除方向交叉出现。

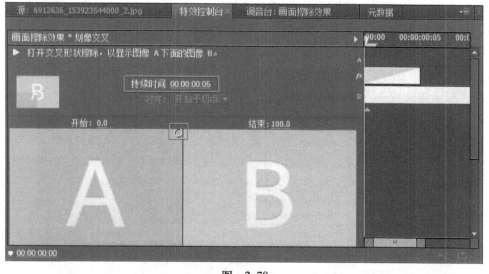

图 2-78

图 2-79

影楼写真制作篇

11）使用同样的方法，设置其他素材之间的"划像交叉效果"，在"笔画8"的结束位置不要添加划像交叉效果，如图2-80所示。

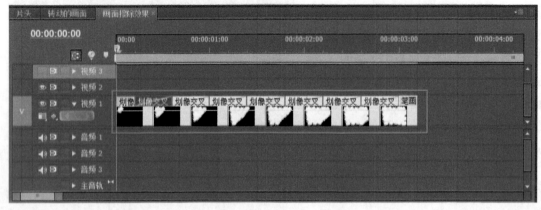

图 2-80

12）新建一个序列，序列名称为"画面擦除效果"，选择"编辑"菜单中的"首选项"→"常规"选项，设置"静帧图像默认持续时间"为80帧。

13）导入"画面擦除""时光""青春""奋斗""友情""未来"6个文件夹，将画面擦除中的"1.jpg"拖至视频1开头处，将"时光"文件夹中所有图片拖至视频2开头处，"画面擦除效果"序列拖至视频3开头处，如图2-81所示。

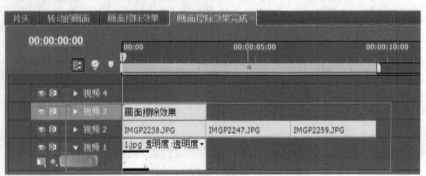

图 2-81

14）选中视频2的第1个素材"IMGP2238.jpg"，单击鼠标右键，在弹出的快捷菜单中选择"缩放当前画面大小"命令，如图2-82所示。

15）打开"效果"面板，将"视频特效/键控/轨道遮罩键"特效拖放到视频2的第1个素材，在"特效控制台"面板中，展开"轨道遮罩键"选项，将"遮罩"选项设置为视频3，"合成方式"设置为Alpha遮罩，如图2-83所示。

16）此时，预览动画效果，如图2-84所示。

图 2-82

17）选中视频2的第1个素材，在"特效控制台"面板中，复制轨道遮罩键，粘贴到视频2的其他素材，并且给其他素材设置"缩放当前画面大小"选项。

18）继续将"画面擦除效果"序列拖至视频3，与前面的素材相连接，调整视频1素材的长度并与视频2、视频3的长度一致，如图2-85所示。

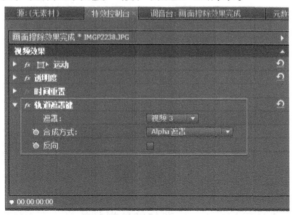

图 2-83

图 2-84

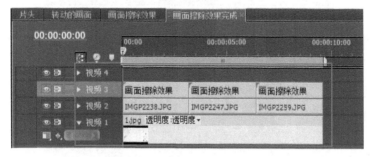

图 2-85

4. 字幕动画制作

1）选择"字幕"菜单中的"新建字幕"→"默认静态字幕"选项，在弹出的"新建字幕"对话框中，将"名称"改为"时光"，再单击"确定"按钮。在"字幕"窗口中，单击"输入工具"，然后在字幕编辑区输入"时光"两个字，应用"字幕样式" AA，"字体"为FZGuLi-S1S，如图2-86所示。

2）在"字幕"窗口中，单击"基于当前字幕新建"按钮，即可新建一个字幕，将"字幕名称"改为"奋斗"，选择"垂直文字工具"，输入"奋斗"两个字。使用同样的方法，完成友情、青春、未来的文字操作，如图2-87所示。

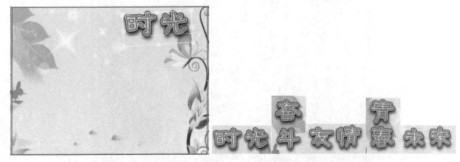

图 2-86　　　　　　　　　　　图 2-87

3）将"时光"字幕拖至视频4，长度与其他视频轨道上的素材长度相同，选中"时光"字幕，在"特效控制台"面板中，展开"运动"选项，在时间为00:00:00:00帧处，单击"位置"前的码表并添加关键帧，"水平方向"和"垂直方向"数值如图2-88所示。

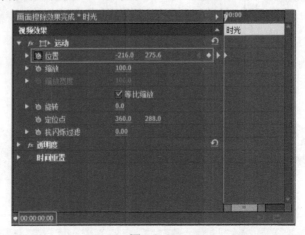

图　2-88

4）在时间为00:00:03:16帧处，设置"水平方向"和"垂直方向"的数值，如图2-89所示。

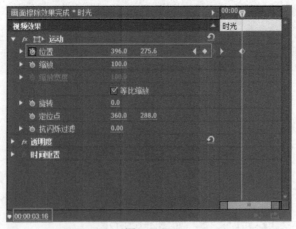

图　2-89

5）使用同样的方法，在视频1上添加"2.jpg""3.jpg""4.jpg""5.jpg"素材，调整画面大小和长度，视频2对应添加"奋斗""青春""友情""未来"文件夹中的图片，调整画面大小，视频3上添加"画面擦除效果"序列，并且复制"轨道遮罩键"到添加的"画面擦除效果"中，视频4上添加"奋斗""青春""友情""未来"字幕，调整长度，将其与对应的素材对齐，制作出奋斗、青春、友情、未来的擦除效果，如图2-90所示。

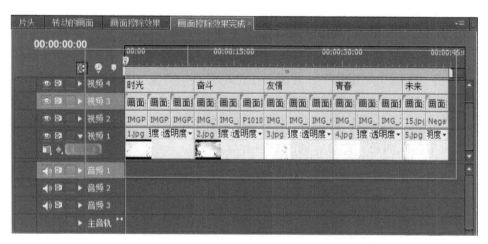

图　2-90

5. 片尾制作

1）新建一个名称为"片尾"的序列，导入"片尾.wmv"文件，并拖至视频1的开头处，连续两次将"片尾.wmv"拖至视频1，与前面的素材相连接，这样视频1就有了3个"片尾.wmv"视频文件，如图2-91所示。

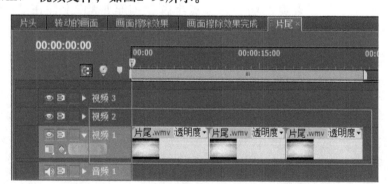

图　2-91

2）新建"默认静态字幕"，字幕名称为"毕业了"，在字幕窗口中输入"毕业了"，"字体"为FZGULI-S12S，"大小"值为89，应用"字幕样式"，在 Aa 样式上单击鼠标右键，在弹出的快捷菜单中选择"仅应用样式颜色"命令，如图2-92所示。

3）继续创建一个字幕，字幕名称为"青春撒场"，输入：青春撒场了，"字体"为FZGULI-S12S，"大小"值为78，在 Aa 样式上单击鼠标右键，在弹出的快捷菜单中选择"仅应用样式颜色"命令，如图2-93所示。

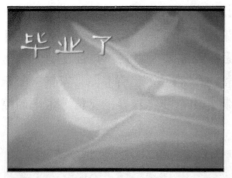

图 2-92　　　　　　　　　　　图 2-93

4）使用"区域文字工具"，在编辑区拖动得到一个文本框，输入"毕业是一个终点，也是一个起点，我更愿意把这曲终人散的终点当作希望的起点"。"字体"为FZKangTi-S07S，"大小"值为59，在 样式上单击鼠标右键，在弹出的快捷菜单中选择"仅应用样式颜色"命令，如图2-94所示。

图 2-94

5）将"毕业了""青春撒场""起点字幕"拖至视频2上，在"毕业了"的入点、起点的入点和出点添加视频切换中（交叉叠化）效果，如图2-95所示。

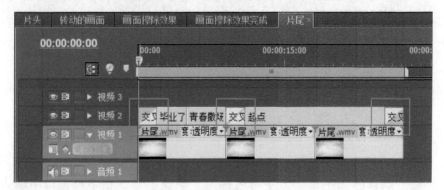

图 2-95

6．合成序列并输出

1）新建一个名称为"合成效果"的序列，分别将序列"片头""转动的画面""画面擦除效果完成""片尾"拖至视频1，如图2-96所示。

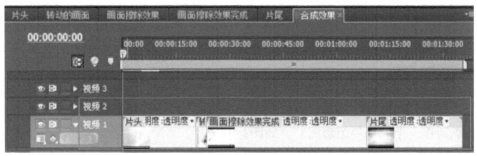

图 2-96

2）分别选中视频1的"片头""转动的画面""画面擦除效果完成"和"片尾"，单击鼠标右键，在弹出的快捷菜单中选择"解除视音频链接"命令，取消视频和音频的链接，将音频1轨道上的音频文件全部删除。

3）添加背景音乐。导入背景音乐1和背景音乐2两个音频素材，将背景音乐1素材拖曳至音频1轨道开始处，将指针移至00:00:23:17处，使用"剃刀工具"裁剪音频，并删除后面的音频。再将背景音乐2素材入点拖曳至音频1轨道的00:00:23:17处，将指针移至00:01:35:18处，用"剃刀工具"裁剪音频，删除多余的音频，如图2-97所示。

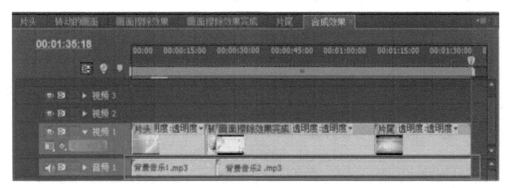

图 2-97

4）添加音频特效。对背景音乐1和背景音乐2的后面各添加1s的"音频过渡/交叉渐隐/恒定增益"特效，使音乐淡入淡出。最终效果如图2-98所示。

图 2-98

5）选择菜单栏中的"文件"→"导出"→"媒体"命令，弹出"导出设置"对话框，导出名称为"毕业纪念册.avi"。

◆ **项目拓展**

请读者利用本书配套资源中的"Chap2.2 毕业纪念册/项目拓展"文件夹内的素材制作《童年纪念册》。

制作要求：

1）对素材进行处理，可以模仿《毕业纪念册》的动画和特效，也可以根据前面所学的知识制作一个《童年纪念册》。如图2-99所示。

图 2-99

2）添加背景音乐。

■ **项目评价**

在本项目中，学习了使用Premiere软件制作《毕业纪念册》。制作毕业纪念册有很多方法，本项目主要用到轨道遮罩键来擦除画面，得到展示动感画面特效。通过本项目的学习，做一个项目评价和自我评价，见表2-2

表2-2　项目评价和自我评价

毕业纪念册	很满意	较满意	有待改进	不满意
项目设计的评价				
项目的完成情况				
知识点的掌握情况				
与本组成员协作情况				
客户对项目的评价				
自我评价				

■ **实战强化**

请读者利用本书配套资源中的"实战强化\Chap02畅想青春"文件夹内的图片、视频素材制作《畅想青春，我的中国梦》。

 ▶▶▶ **单元小结**

本单元以水晶印象校企工作室中最频繁的两个项目进行讲解，贴合学生实际工作岗位，将视频特效轨道遮罩键、裁剪、运动、风格化、镜像、更改颜色、扭曲、摄像机视图，视频切换效果中的叠化、伸展字幕、划像交叉，字幕和标记制作有机地结合起来，得到色彩鲜明、视觉冲击效果显著的影片效果，并结合Photoshop图像处理操作，让设计作品得到很好的扩展和完善，达到客户的要求。

第3单元

电视广告宣传制作篇

本单元为电视广告宣传制作篇，主要制作化妆品广告、政府城市建设宣传片和电视台栏目等，项目主要来源为购物网站、政府部门和电视台。本单元共分为3个项目进行讲解和制作。由于项目均直接面向社会和市场，不但要满足客户的需求，还要符合商业片的要求。在制作过程中，由甲方提出项目意向，与水晶印象文化传播有限公司接洽，交付水晶印象校企工作室制作。由工作室导演指派任务，工作室各小组分工完成。通过本单元项目的学习，读者可以了解商业片制作的相关流程；也可以通过使用Premiere软件了解商业片的一些基本制作要求。

▶▶▶ 学习目标

知识目标：掌握Premiere的高级操作及高难度视频剪辑
技能目标：能通过Premiere软件制作符合商业要求的视频宣传片
情感目标：培养学生的团队协作能力和客户沟通能力

第3单元

项目1 广告宣传片——时尚追踪 ◀◀◀

■ 项目情境

莲花电视台近期预推出一档时尚栏目"时尚追踪"，主要以化妆品为主题，制作一档化妆品的节目，电视台的王制片向水晶印象校企工作室的梁导演提出了制作动画视频的合作意向。

王制片要求该项目以宣传片的表现形式，以素材和文字结合为主，时长22s以内。这个"时尚追踪"节目会在莲花电视台晚间时段17点播出，周一至周五每天循环播放。梁导按照王制片的要求写了相关的文案，并签订合约。该项目由水晶印象校企工作室制作，交由水晶印象文化传播有限公司初审，最后交由莲花电视台编辑部终审。

梁导将此工作任务指派给工作室影视后期组，由影视后期组负责背景素材、音乐素材和化妆品素材的整理，并剪辑合成动画视频。

◆ 项目分析

本项目以化妆品为主题，视频剪辑符合时尚特色，剪辑主线表达了美丽、时尚的特点，时长为22s左右，剪辑顺序为片头、导入素材、素材和字幕的动画制作、片尾4个部分。

项目最终效果图如图3-1所示。

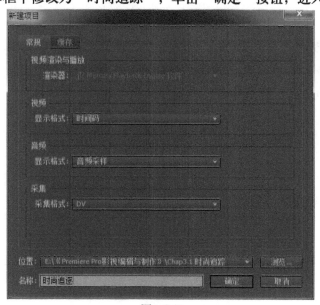

图　3-1

◆ **必备知识**

在制作本项目之前，必须具备以下知识：掌握在Premiere中新建项目序列、特效、素材和文字制作动画的方法，以及动画以怎样的方式出现和消失，对动画节奏的把握。

◆ **项目实施**

1．新建项目和序列

1）启动Premiere CS6软件，单击"新建项目"按钮，新建文件。然后单击"位置"按钮，更改文件存储路径，在"名称"文本框中修改为"时尚追踪"，如图3-2所示。单击"确定"按钮后，在弹出的"新建序列"对话框中，选择"DV/PAL /标准48kHz"，在"序列名称"文本框中修改为"时尚追踪"，单击"确定"按钮，进入工作界面。

图　3-2

2）在设置里把“视频”中的“场序”设置为“逐行扫描”，如图3-3所示。

小提示

场序：上下场是对于“隔行扫描”而言的，而无场是对于“逐行扫描”而言的。DV PAL是逐行扫描，因此，选择无场。

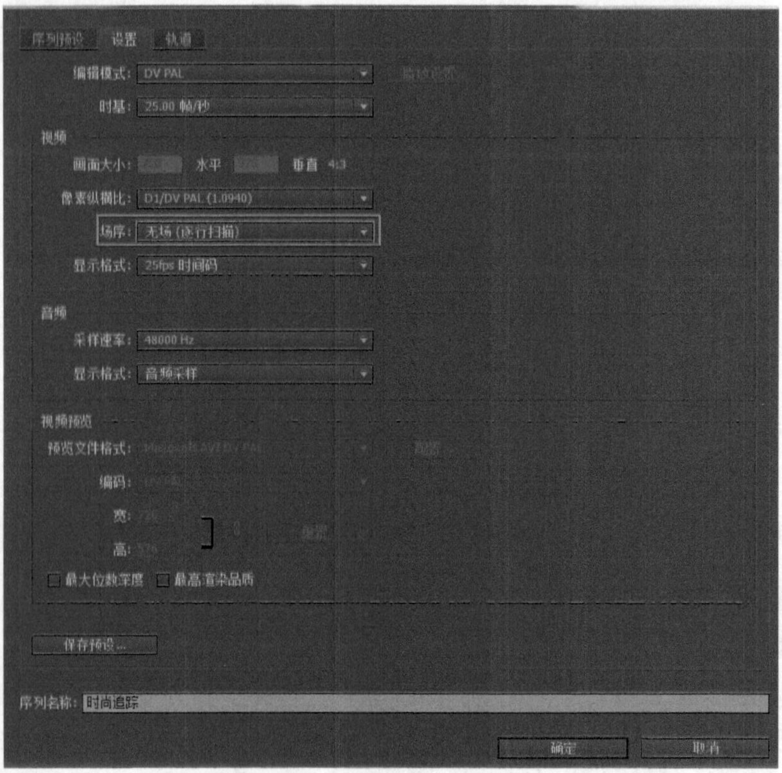

图　3-3

2. 导入素材

1）在项目调板空白处双击鼠标，选择本书配套资源中的“Chap3.1时尚追踪\素材\护肤品1.psd”图片素材，在工具区弹出“导入分层文件”对话框，在“导入为”选项里选择“合并所有图层”，然后单击“确定”按钮，如图3-4所示。

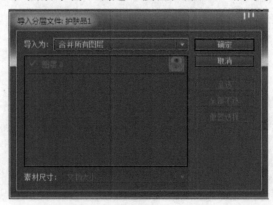

图　3-4

2）按照上述方法依次导入本书配套资源中的"Chap3.1时尚追踪\素材\护肤品2.psd、护肤品3.psd、化妆品全套装.psd、化妆品套装.psd、logo.psd"5个素材。

3）选择本书配套资源中的"Chap3.1时尚追踪\素材\动态背景.mov、动态背景2.mov"两个视频素材并导入。

4）在项目窗口中选择"图标视图模式"按钮，这样可以更直观地观看素材文件，如图3-5所示。

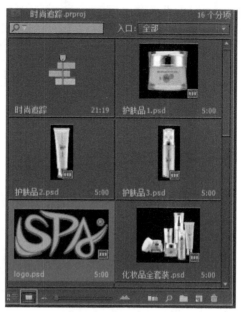

图 3-5

3. 片头的制作

1）拖放素材。将项目窗口中的"动态背景.mov"拖至时间线视频轨道1，可缩放轨道查看素材文件。

小提示

缩放轨道的方法：选中🔍工具，可放大轨道，按住<Alt>键可缩小轨道。

2）制作字幕。选择"字幕"→"新建字幕"→"默认静态字幕"命令，进入"新建字幕"对话框，在名称里输入"时尚追踪"，单击"确定"按钮，如图3-6所示。

小提示

添加字幕的快捷键<Ctrl+T>

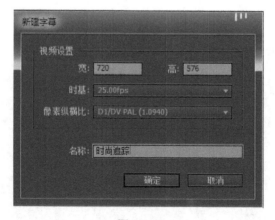

图 3-6

单击文字按钮 T，输入文字"时尚追踪"，字体为"ShiShangZhongHeiJianTi"，字号为100，字体填充颜色为浅蓝（R148，G255，B246），单击"垂直居中"按钮▣、"水平居中"按钮▣，如图3-7所示。

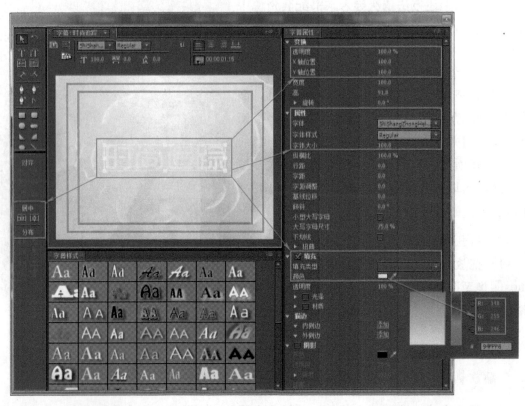

图 3-7

3）把"时尚追踪"字幕拉到视频轨道2上，将指针移到00:00:03:20，用工具栏上的剃刀工具 ▓ 在指针处分割字幕，选中后面的部分，按<Delete>键把后面的部分删除掉。

在效果选项卡中选择"视频特效"→"风格化"→"彩色浮雕"选项，给字幕添加效果，设置如图3-8所示。

图 3-8

4）用同样方法给字幕添加裁剪、高斯模糊特效。

5）设置动态模糊字幕特效动画。

将指针移至开始处，选择"裁剪"，在开始帧处选择"右侧"选项，添加关键帧，设置右侧为100.0%。在"19帧"处，设置其数值为0.0%，如图3-9所示。

将指针移至开始处，选择"高斯模糊"，给模糊度打上关键帧，设置模糊度为158。在"19帧"处，设置模糊度为0.0，如图3-10所示。

图 3-9

图 3-10

6) 制作镜头光效动画效果。

制作黑屏。选择"字幕"→"新建字幕"→"默认静态字幕"选项，进入"新建字幕"对话框，在名称里输入"镜头光晕层"，单击"确定"按钮。选中矩形工具■，绘制一个和舞台等大的矩形，并填充黑色，如图3-11所示。

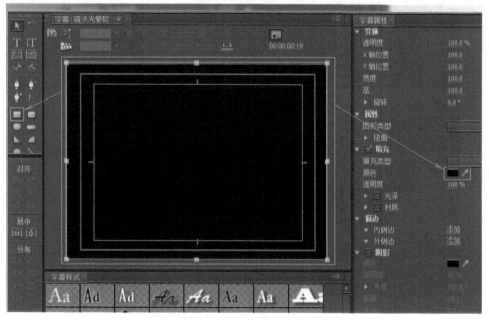

图 3-11

把字幕"镜头光晕层"拖到视频轨道3上，将鼠标移至字幕末尾，出现向内裁剪时，裁剪字幕与"时尚追踪"的时间一致，如图3-12所示。

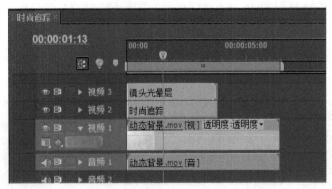

图 3-12

给"镜头光晕层"添加"镜头光晕"特效，选择"透明度"→"混合模式"→"滤色"，这时黑色层消失，显示出镜头光晕效果，如图3-13所示。

制作镜头光晕动画。给光晕中心、光晕亮度添加动画关键帧，具体参数值见表3-1。

表3-1 制作镜头光晕动画的参数值

参数值	01:10	01:16	02:06	02:19	02:23
光晕中心	-37.7、291.4	-40.0、291.4	389.2、291.4		896.3、291.4
光晕亮度	0%	114%	145%	119%	0%

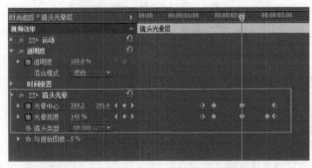

图 3-13

4. 第一部分的制作

1）拖放素材。将"化妆品套装.psd"拖至序列视频轨道2，"时尚追踪"的后面，并设置结束长度与"动态背景2.mov"的长度一致，如图3-14所示。

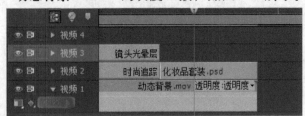

图 3-14

2）制作缩放动画。设置位置XY轴数值为（469.0，356.0），给缩放打上关键帧，分别在"0秒""4秒20帧""5秒18帧"处设置为76、88和92。给透明度打上关键帧，在"0秒""4秒8帧"处设置为0.0%和100.0%，如图3-15所示。

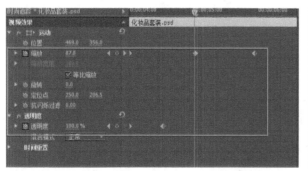

图　3-15

　　3）制作字幕。创建字幕"套装"，输入"美颜透明白肌系列套装"，字体为Microsoft YaHei，字号34，字体填充颜色为玫瑰红（R195，G0，B55），XY轴调整为（284.7，280.6）。把"套装"字幕拖到视频轨道3上，并设置结束长度与"化妆品套装.psd"的时间一致，如图3-16所示。

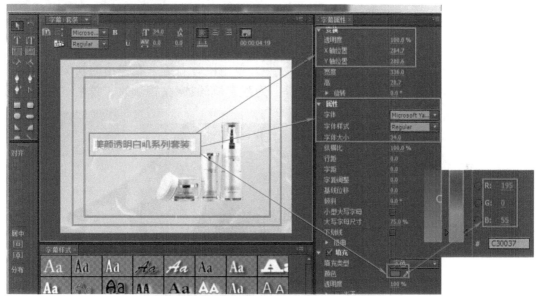

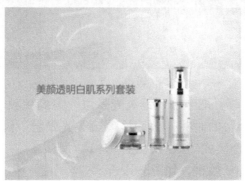

图　3-16

　　4）制作动态模糊字幕特效动画。其制作方法跟片头制作方法一致，因此，只需要把"时尚追踪"的特效参数复制到"套装"字幕上即可，如图3-17所示。

电视广告宣传制作篇

小提示

　　方法：选中"时尚追踪"字幕，在特效控制台里，按住<Ctrl>键，同时选中"剪裁"和"高斯模糊"，按<Ctrl+C>组合键，再选中"套装"字幕，按<Ctrl+V>组合键把特效复制到"套装"字幕中。

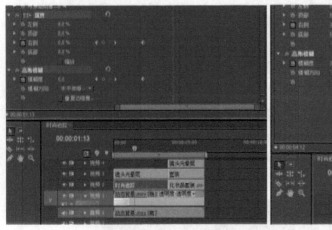 

图　3-17

　　5）新建4条视频轨道。选中  并单击鼠标右键，在弹出的快捷菜单中选择"添加轨道"打开"添加视音轨"窗口，为视音轨添加4条视频轨，单击"确定"按钮，如图3-18所示。

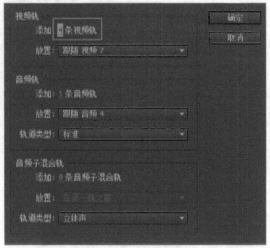

图　3-18

　　6）制作镜头光晕动画。把字幕"镜头光晕层"拖到视频轨道4上，使字幕的结束时长与"化妆品套装.psd"的时间一致。给"镜头光晕层"添加"镜头光晕"特效，展开透明度，选择"混合模式"→"滤色"，这时黑色层消失，显示出镜头光晕效果，如图3-19所示。

　　在镜头光晕中，将"镜头类型"设置为105毫米，如图3-20所示。给光晕中心和光晕亮度打上关键帧，具体参数值见表3-2。

图　3-19

第3单元

表3-2　镜头光晕参数值

参数值	00:00	04:03	04:06	04:11
光晕中心	38.8、263.4			450.8、263.4
光晕亮度	0%	76%	76%	0%

如图3-20所示。

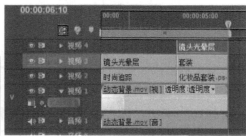

图　3-20

5. 第二部分的制作

1) 拖放素材。在"6秒10帧"处将"护肤品1.psd"拖到视频轨道2上，在"7秒"处将"护肤品2.psd"拖到视频轨道3上，在"7秒19"处将"护肤品3.psd"拖到视频轨道4上。分别使素材的结束长度与"动态背景2.mov"的长度相一致，如图3-21所示。

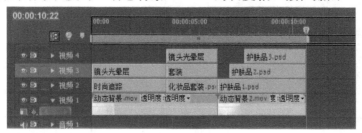

图　3-21

2) 调整素材的比例和位置。选中"护肤品1.psd"设置位置XY轴数为（370.0，400.0），设置缩放为86.0；选中"护肤品2.psd"设置位置XY轴数为（544.0，318.0），设置缩放为93.0；选中"护肤品3.psd"设置位置XY轴数为（188.0，342.0），设置缩放为79.0。

3) 制作淡入淡出动画。选中"护肤品1.psd"，给透明度打上关键帧，在"6秒10帧"和"6秒16帧"处各设置关键帧为0.0%和100.0%。

4) 将"护肤品1.psd"的动画效果复制到"护肤品2.psd""护肤品3.psd"上。选中"护肤品1.psd"中的透明度，按<Ctrl+C>组合键，再选中轨道中的"护肤品2.psd"，按<Ctrl+V>组合键将动画透明度分别复制到"护肤品2.psd"上。对"护肤品3.psd"进行同样的操作。

5) 制作字幕。创建字幕"持久滋润"，输入持久滋润，字体为Microsoft YaHei，字号44，字体填充颜色为玫瑰红（R195，G0，B55），XY轴调整为（170.4，114.5）。

6) 制作字幕。创建字幕"美肌"，输入"特别为你打造透白光彩美肌"，字体为Microsoft YaHei，字号24，字体填充颜色为玫瑰红（R195，G0，B55），XY轴调整为（209.9，78.0）。

7) 拖放字幕。将指针移至"8秒11帧"，把字幕"持久滋润"拖到视频轨道5上，

电视广告宣传制作篇

将指针移至"9秒8帧"，把字幕"美肌"拖到视频轨道6上。使素材的结束长度与"动态背景2.mov"的长度相一致，如图3-22所示。

图 3-22

8）制作文字动画。选中字幕"持久滋润"，给位置和透明度打上关键帧，在"0秒"处添加关键帧，设置位置XY轴数为（570.8，288.0）、透明度为0.0%，将指针移至"8秒20帧"，设置位置XY轴数为（360.8，288.0）、透明度为100.0%。

9）选中字幕"美肌"，给位置打上关键帧，在"0秒"处添加关键帧，将指针移至"9秒14帧"，添加关键帧，回到开始帧，设置位置XY轴数为（49.0，288.0），如图3-23所示。

图 3-23

6. 第三部分的制作

1）拖放素材。把"动态背景.mov"拖到"动态背景2.mov"的后面。把"化妆品全套装.psd"拖到"护肤品1"的后面，并设置与"动态背景2.mov"的长度一致。

2）制作缩放动画。选中"化妆品全套装.psd"，设置位置XY轴数值为（229.0，288.0），在"0秒"处设置缩放为406.0，透明度为0.0%。将指针移至"11秒21帧"处，设置缩放为84.0，设置透明度为100.0%。将指针移至"16秒11帧"处，设置缩放为73.0，如图3-24所示。

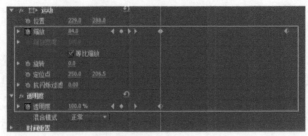

图 3-24

3）制作字幕。新建一个名为"光彩人生"的字幕，输入"缔造透白、润泽、光彩人生"，字体为Microsoft YaHei，字号28.0，XY轴位置（602.7，296.8），字体填充颜色为玫瑰红（R195，G0，B55）。新建一个名为"美丽"的字幕，字体为Microsoft YaHei，输入"美丽人生，源自"SPA""，"美丽"的字号为56.0，"源自"SPA""的字号为29.0，XY轴位置（626.2，253.6），字体填充颜色为玫瑰红（R195，G0，B55）。

4）制作透明动画字幕。将指针移至"12秒20帧"，将"光彩人生"字幕拉到视频轨道3上，长度与"动态背景2.mov"的长度一致，给透明度打上关键帧，在"0秒"处设置透明度为0.0%，将指针移至"13秒4帧"处，设置透明度为100.0%。

5）制作移动字幕。将指针移至"12秒20帧"，将"美丽"字幕拉到视频轨道4上，长度与"动态背景2.mov"的长度一致，给位置打上关键帧，在"0秒"处添加关键帧。将指针移至"13秒11帧"处添加关键帧，回到开始帧，设置位置XY轴数值为（711.0，288.0）。

6）制作镜头光晕动画。制作镜头光晕的方法如上面所述，将"镜头类型"设置为"105毫米"，如图3-25所示。将指针移至"15秒9帧"，把"镜头光晕层"拉到视频轨道5上，长度与"动态背景2.mov"的长度一致，给光晕中心和光晕亮度打上关键帧，具体参数值见表3-3。

表3-3　镜头光晕动画参数值

参数值	00:00	15:16	16:04	16:18	16:23
光晕中心	443.5，277.5			642.9，277.5	
光晕亮度	43%	76%	91%	0%	0%

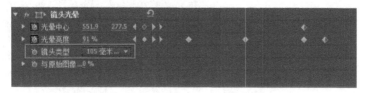

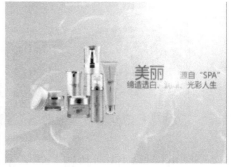

图　3-25

7. 片尾部分的制作

1）拖放素材。把"动态背景2.mov"拖到视频轨道1"动态背景.mov"的后面。把素材"logo"拖到视频轨道"妆品全套装.psd"的后面，长度与"动态背景.mov"的长度一致。

2）波浪logo的制作。给"logo"添加"波形弯曲"特效，给透明度打上关键帧，在"0秒"和"17秒22帧"处设置透明度为0.0%和100%。选中"波形弯曲"→"波形高度"，添加关键帧动画，在"19秒1帧"和"19秒21帧"处各设置关键帧为3和0，如

图3-26所示。

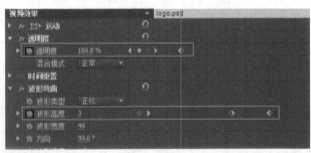

图 3-26

8. 渲染输出

1）导出设置。选择"文件"→"导出"→"媒体命令"，或者按<Ctrl+M>组合键，打开"导出设置"对话框，一般可以选择默认的状态输出。格式为Microsoft AVI，预设为PAL DV，输出名称为"时尚追踪.avi"，如图3-27所示。

图 3-27

2）导出。单击队列按钮，跳转至Adobe Media Encoder界面，单击Start Queue（Return）绿色按钮，开始导出视频。输出完毕后，关闭窗口，如图3-28所示。

图 3-28

第3单元

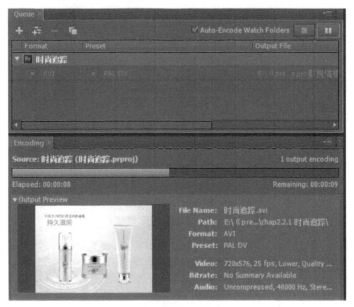

图　3-28（续）

3）保存项目。可按<Ctrl+S>组合键快速保存。

9. 项目审核和交接

1）本项目由工作室成员完成后，交由工作室主管审核。

2）经过主管审核后，需修改的部分进行首次修改。

3）再由主管交付至客户审核，根据客户的意见，工作室成员进行二次修改。

4）一般经过两到三次的修改后，最终完成项目的审核和交接。

◆ 项目拓展

请读者利用本书配套资源中的"Chap3.2绿道/项目拓展"文件夹内的素材进行制作。原效果如图3-29所示。

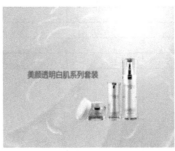

图　3-29

制作要求：

1）在原来效果的基础上，去掉对文字设置的关键帧动画，添加特定的转场特效。

2）去掉"时尚追踪"标题文字中的"裁剪"和"高斯模糊"的动画特效，分别在文字开头和结尾添加"伸展进入"转场特效。

3）去掉"套装"文字中的"裁剪"和"高斯模糊"的动画特效，在文字结尾处添加"摆出"转场特效。

4）去掉"持久滋润"文字中设置的动画关键帧，在文字开头处添加"缩放拖尾"转场特效。

5）去掉"美肌"文字中设置的动画关键帧，在文字开头处添加"交叉缩放"转场特效。

修改后效果如图3-30所示。

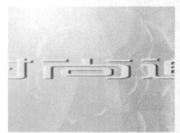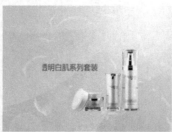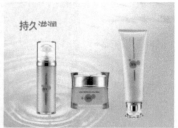

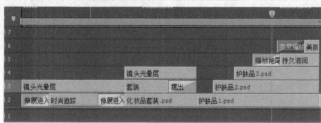

图　3-30

■ 项目评价

在本项目中，学习了如何使用Premiere软件制作化妆品广告以及Premiere软件的基本知识点。通过本项目的学习，做一个项目评价和自我评价，见表3-4。

表3-4　项目评价和自我评价

《时尚追踪》	很满意	较满意	有待改进	不满意
项目设计的评价				
项目的完成情况				
知识点的掌握情况				
与本组成员协作情况				
客户对项目的评价				
自我评价				

项目2　城市宣传片——绿道 <<<

■ 项目情境

根据珠海省政府常务会议批准的《珠三角区域绿道网总体规划纲要》，省立珠三角绿道1号线和4号线分别从东西两侧进入珠海，规划总长约80km。结合珠海实际，珠海市计划安排绿道建设约300km。按照属地原则，分别由途经的香洲区、高新区、斗门区为建设主体，同时鼓励配套建设辖区内的城市绿道和社区绿道。全市绿道建设将按照尊重自然、尊重科学规律的原则，"不征地，不拆迁，不砍树"，因形就势，从简从优，保护生物多样性，突出体现绿道的生态功能。

首期开工的1号线示范段长约4km，起于情侣路与港湾大道交会处的海天公园对开海岸，止于野狸岛。启动仪式所在的位置，是未来1号线的"海天驿站"游憩区。市园林部门已在这片突入海中的三角形绿地上制作了一段绿道样板，之后将沿情侣路海岸向南，在成荫的绿树与海岸围栏之间铺设独立的步行道、自行车道、无障碍通道等慢行道路，形成可供公众休闲游憩的开阔空间。

珠海市文体旅游局以"畅游珠海，绿道行"为主题，想制作一部宣传"绿道"广告宣传片。文体旅游局李局长向水晶印象校企工作室梁导演提出了制作宣传片的合作意向。

梁导根据李局长的要求写了相关的文案，建议以一位青年男子骑行绿道、沿路观光的画面为表现形式，时长30s左右，在珠海市公益宣传板播出，签订相关合约。由水晶印象校企工作室制作，交由水晶印象文化传播有限公司初审，最后交由莲花电视台编辑部终审。

梁导将此工作指派给校企工作室两个部门：摄制组和影视后期组。先由摄制组前往绿道完成拍摄，需要一组从清晨到傍晚的镜头；再由影视后期组负责视频素材、音乐素材的整理，并剪辑合成视频。

◆ 项目分析

以珠海市文体旅游局《绿道》为本项目的主题，影视后期组进行视频素材、音乐素材的整理。梁导要求视频剪辑符合公益宣传片的特色，剪辑主线以一位青年男子为主角，表达"畅游珠海，绿道行"，倡导市民使用绿道骑行和游玩，享受绿色生活的意境，时长为30s左右，时序以清晨到傍晚为剪辑顺序，中间的素材可以自由调度，添加文字特效。

项目最终效果图如图3-31所示。

图 3-31

电视广告宣传制作篇

◆ **必备知识**

在制作本项目之前，须具备以下知识：了解视频剪辑分镜头知识，熟悉在Premiere中创建字幕面板文字和钢笔工具的方法。

商业规范

本素材来自于珠海市文体旅游局《绿道30秒》宣传片，由梁波总导演执导，珠海市远目文化传播有限公司负责制作，以"畅游珠海，绿道行"为主题。

◆ **项目实施**

1. 新建项目文件

1）启动Premiere软件，单击新建项目按钮，打开"新建项目"对话框。

2）在"新建项目"对话框中，单击"浏览"按钮，设置项目存储位置。修改项目名称为"绿道"，单击"确定"按钮，如图3-32所示。

图 3-32

3）单击"确定"按钮后，系统自动跳转到"新建序列"对话框。在对话框中展开"序列预设"→"DV-PAL"→"宽银幕 48kHz"选项，修改"序列名称"为"绿道"，单击"确定"按钮后进入Premiere工作界面，如图3-33所示。

4）在菜单上选择"编辑"→"首选项"→"常规"选项，将视频切换默认持续时间设为25帧，如图3-33所示。

图 3-33

2. 导入素材

1）观察样片，并将提供的绿道MV素材按样片顺序预先排列编号，如图3-34所示。

图 3-34

2）在项目调板空白处双击，导入"绿道wmv"素材，如图3-35所示。

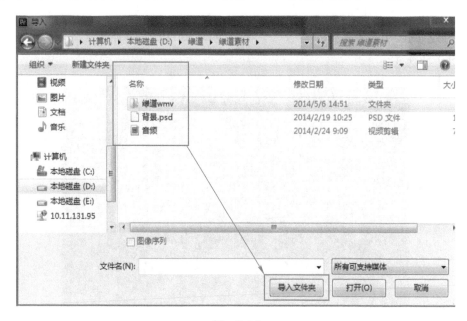

图 3-35

电视广告宣传制作篇

3）将排列的视频素材，按顺序拖入"视频1轨道"，可与样片对比调整好每段视频素材的时间，如图3-36所示。

图 3-36

4）依次将视频素材大小调整为屏幕大小，如图3-37所示。

图 3-37

3. 添加视频切换特效

1）创建字幕"《绿道》30秒版"，字体为STXinwei，字体大小为"80"，位置居中，如图3-38所示。

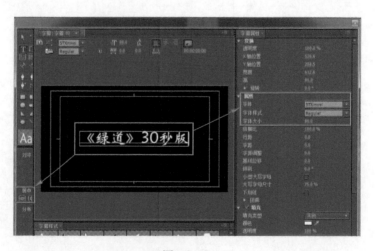

图 3-38

2）在字幕"《绿道》30秒版"和"1.avi"中间添加"交叉叠化（标准）"特效，如图3-39所示。

3）双击素材上的"交叉叠化（标准）"特效，跳转至特效控制台窗口中，将对齐方式改为"居中于切点"，如图3-40所示。

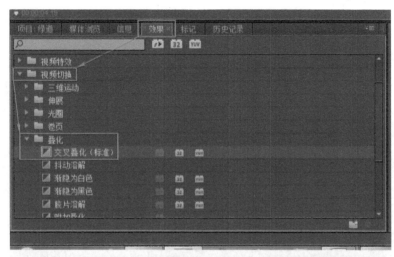

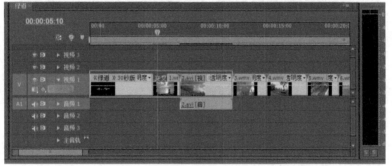

图　3-39

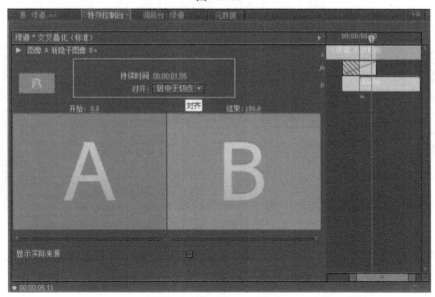

图　3-40

4）同样在"12.avi"和"捕获.avi"之间添加"交叉叠化（标准）"特效。

3. 创建字幕"享受绿道 低碳生活"

1）创建字幕"享受绿道 低碳生活"，字体为STXinwei，字体大小为"80"，位置居中，如图3-41所示。

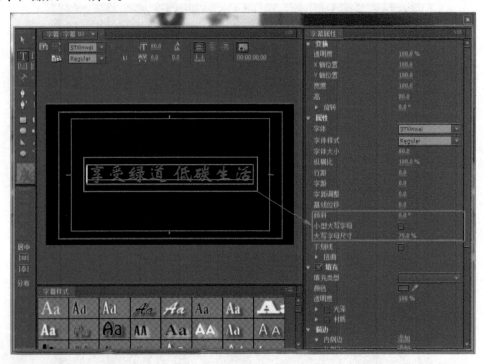

图 3-41

2）将字幕"享受绿道 低碳生活"拖至"视频轨道3"，在"7秒16帧"处开始，在"21秒13帧"时结束，如图3-42所示。

图 3-42

3）在"7秒16帧"处打开素材"享受绿道 低碳生活"的特效控制台。更改其位置和缩放。并在"0帧"处位置（192.9，510.5）处单击关键帧按钮，把时间线拉至"21秒12帧"处，改变位置（530.6，508.9），如图3-43所示。

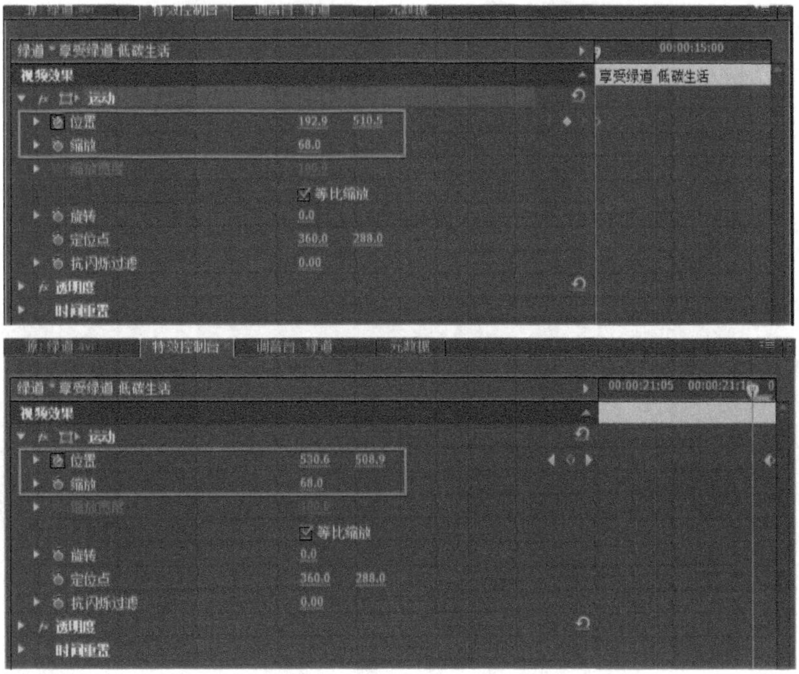

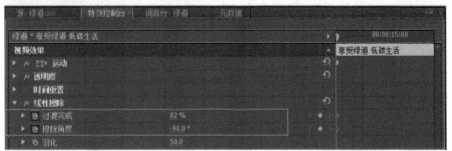

图 3-43

4）选择"添加效果"→"视频特效"→"线性擦除"选项，在"7秒16帧"处 打下关键帧并调节属性，如图3-44所示。

图 3-44

5）接着在"10秒"处，将过渡完成改为"0"，在"擦除角度"上添加一个关键帧，角度度数不变。然后在"17秒14帧"处，在"过渡完成"上添加一个关键帧，"擦除角度"为"90°"，在"21秒09帧"处将"过渡完成"改为"90"，如图3-45所示。

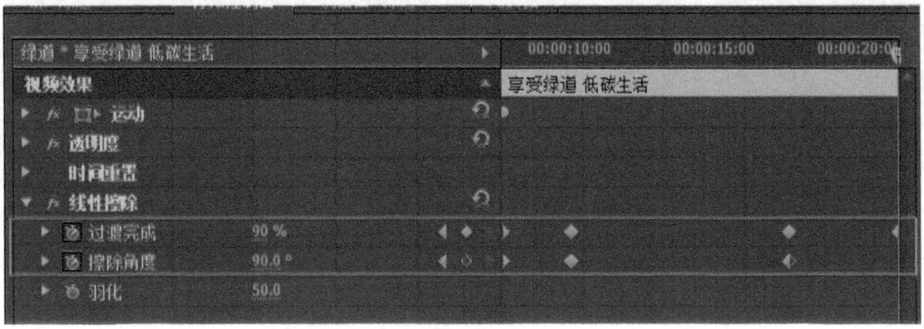

图 3-45

4. 新建字幕"线条"

1）使用"钢笔工具"绘制直线，选择"钢笔工具"，在字幕内画出直线，两点构成一条直线。颜色为绿色，如图3-46所示。

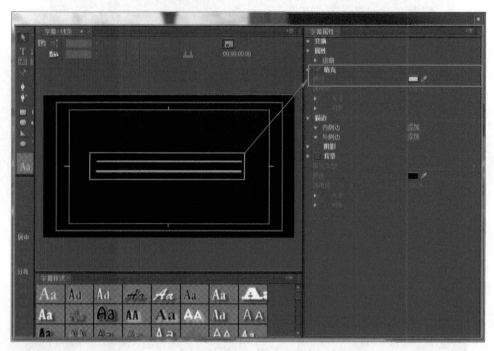

图 3-46

2）在11s处将字幕"线条"拖入"视频2"轨道，在"13秒05帧"处结束。并调整其位置大小，在"13秒04帧"处把透明度改为"0"，在"11秒"处改为"100"，如图3-47所示。

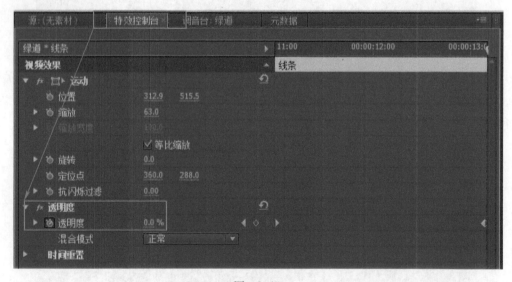

图 3-47

3）给字幕"线条"添加"效果/视频特效/线性擦除"特效，在开始点0帧位置将关键帧"过渡完成"的值设为"84%"，在结束点将"过渡完成"的值设为"0%"，擦除角度设为"-90°"，羽化值设为"50"，如图3-48所示。

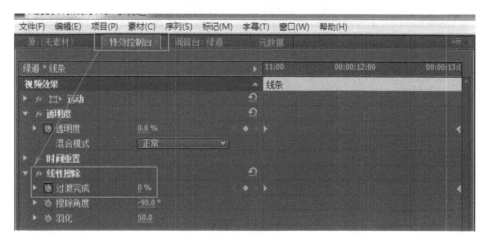

图 3-48

5. 新建字幕"线条2"

1）使用"钢笔工具"进行绘制曲线，如图3-49所示。

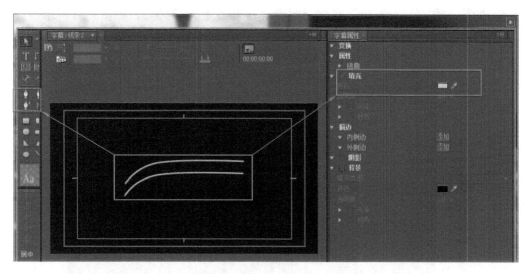

图 3-49

2）在"15秒02帧"处以同样的方法将字幕"线条2"拖入轨道并在"17秒15帧"处结束。

3）再将素材线条的特效和透明度的属性复制过来。

6. 新建字幕"畅游珠海"

1）字体为STXinwei，字体大小为"80"，颜色为红色，如图3-50所示。

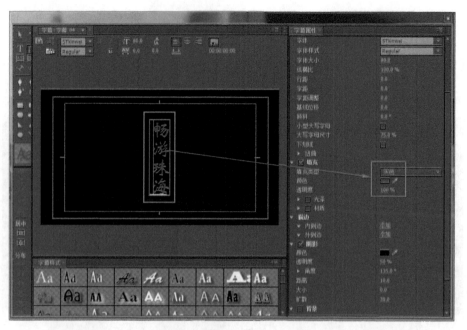

图　3-50

2）在"34秒09帧"处导入字幕"畅游珠海"，在"34秒20帧"处导入字幕"绿道行"。

3）加给字幕"畅游珠海"添加"线性擦除"特效，在"35秒"处将"过渡完成"设置为"0"，在"34秒09帧"处将"过渡完成"设置为"50"，如图3-51所示。

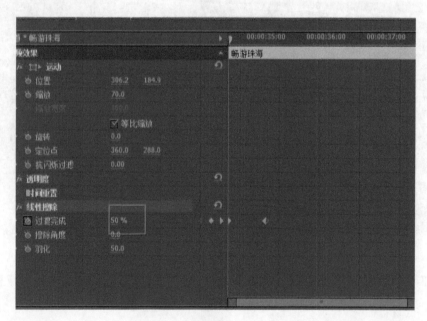

图　3-51

4）在特效控制台里单击"线性擦除"（先按<Ctrl+C>组合键复制然后再按<Ctrl+V>组合键粘贴），然后修改擦除角度为180°，如图3-52所示。

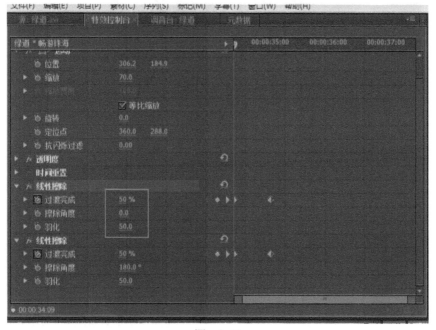

图 3-52

7. 新建字幕"绿道行"

设置"绿道行"字幕字体为STXinwei，字体大小为"80"，颜色为"绿色"。使用与"畅游珠海"同样的字幕特效方法把特效制作"绿道行"字幕，如图3-53所示。

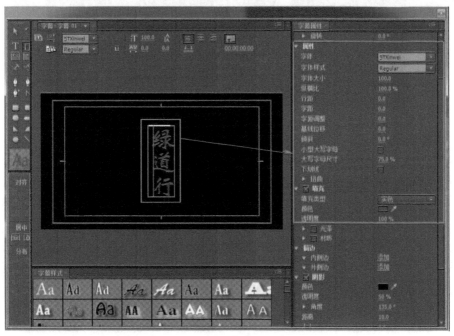

图 3-53

8. 新建字幕"珠海市文体旅游局"

1）接着在"35秒05帧"处将字幕"珠海市文体旅游局"的透明度改为"0"并打开关键帧，如图3-54所示。

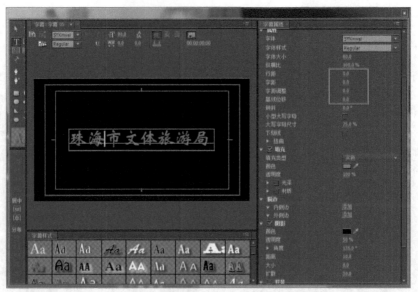

图 3-54

2）在"35秒11帧"处将透明度改为"100"，其位置大小如图3-55所示。

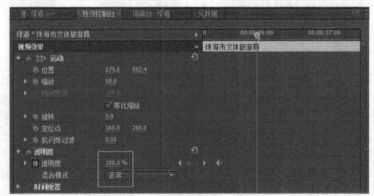

图 3-55

9. 添加音频

将"绿道.avi"背景音乐拖至"音频轨道1"中，如图3-56所示。

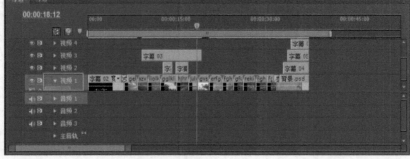

图 3-56

小提示

原有的部分视频素材如"2.avi"自带音频，因为后期要添加整段音频素材，所以可以使用音视频分离的方式，单击"2.avi"音频文件，单击<Delete>键删除。

10. 导出视频

1）导出设置。选择菜单栏"文件"→"导出"→"媒体"命令，或者按<Ctrl+M>组合键，跳转出"导出设置"对话框，一般可以选择默认的状态输出。格式为Microsoft AVI，预设为"PAL DV宽银幕"，输出名称为"绿道.avi"。

2）导出视频。单击队列按钮，跳转至Adobe Media Encod界面，单击Start Queue（Return）绿色按钮，开始导出视频。输出完毕后，关闭窗口。

3）保存项目文件。可按<Ctrl+S>组合键快速保存。

11. 项目审核和交接

1）本项目由工作室成员完成后，交由工作室主管审核。

2）经过主管审核后，需修改的部分进行首次修改。

3）再由主管交付至客户审核，根据客户的意见，工作室成员进行二次修改。

4）一般经过两到三次的修改后，最终完成项目的审核和交接。

◆ 项目拓展

请读者利用本书配套资源中的"Chap3.2绿道/项目拓展"文件夹内的素材进行制作。

制作要求：

1）使用蒙太奇剪辑的方式，打乱时序，按照从中午到第二天清晨的方式重新排列视频。如图3-57所示。

图 3-57

2）可修改部分文字的颜色、字体。

3）导出视频。

■ 项目评价

在本项目中，学习了如何使用Premiere软件处理公益宣传片，选取"绿道"这个项目来了解校园电视台的栏目制作流程以及Premiere软件基本知识点。通过本项目的学习，做一个项目评价和自我评价，见表3-5。

表3-5　项目评价和自我评价

《绿道》	很满意	较满意	有待改进	不满意
项目设计的评价				
项目的完成情况				
知识点的掌握情况				
与本组成员协作情况				
客户对项目的评价				
自我评价				

项目3　儿童节目片——池上 <<<

■ 项目情境

　　莲花电视台近期预推出一档少儿启蒙栏目"每日一诗"，主要以唐诗为主题，制作一档符合学前儿童的节目，在每期节目中需要加入一段唐诗的动画视频，电视台王制片向水晶印象校企工作室梁导演提出了制作动画视频的合作意向。

　　梁导根据制片的要求写了相关的文案，建议以二维动画的表现形式，中国水墨风格为主，精选唐诗100首，每一首时长1min以内，根据"每日一诗"儿童节目在莲花电视台午间时段4点播出，周一至周五每天播出1首。签订合约6个月。由水晶印象校企工作室制作，交由水晶印象文化传播有限公司初审，最后交由莲花电视台编辑部终审。

　　梁导将此工作指派给工作室两个部门：动画组和影视后期组，以每周3首的量交付。先由动画组完成动画创作，需要绘制相关的人物角色及制作相应的动画效果，提供有动画效果的swf格式的动画文件；再由影视后期组负责背景素材、音乐素材和动画素材的整理，并剪辑合成动画视频。

◆ 项目分析

　　以唐诗"池上"为本次项目的主题，影视后期组进行背景素材、音乐素材以及动画组提供的动画素材的整理。梁导要求视频剪辑符合儿童栏目的特色，剪辑主线为表达唐诗"池上"诗词的动画意境，时长为40s左右，时序以唐诗的片头标题、4句诗词内容和片尾语三部分为剪辑顺序。影视后期组根据梁导的要求进行"池上"的动画视频创作。

　　项目最终效果图如图3-58所示。

图　3-58

◆ 必备知识

　　在制作本项目之前，必须具备以下知识：在Premiere中新建项目序列、导入图片、音乐以及动画素材的方法，还包括物体摇晃和移动相关的动画运动规律。

古诗词基本知识

《池上》白居易

小娃撑小艇，偷采白莲回。

不解藏踪迹，浮萍一道开。

【注释】①解：知道。②浮萍：池塘里的水草。

【译文】一个小孩撑着小船，偷偷地采了白莲回来。他不知道怎么掩藏踪迹，水面的浮萍上留下了一条小船划过的痕迹。

【助读】这首诗写出了小孩的贪玩和天真。

◆ **项目实施**

1. 新建项目序列

1）打开Premiere Pro CS6软件，单击"新建项目"按钮，新建文件。

2）在"新建项目"对话框中，单击"浏览"按钮更改文件存储路径，在"名称"文本框中将名称修改为"池上"，单击"确定"按钮，如图3-59所示。

3）在弹出的"新的序列"对话框中，选择"DV/PAL/宽银幕 48KHz"，在"序列"文本框中将名称修改为"池上"，单击"确定"按钮，进入工作界面。

图 3-59

2. 导入素材

1）分别要两组持续时间不同的图片素材，所以需建立两个素材箱。选择"编辑"→"首选项"→"常规"选项，弹出"首选项"对话框，修改静帧图像默认持续时间为"175帧"，如图3-60所示。

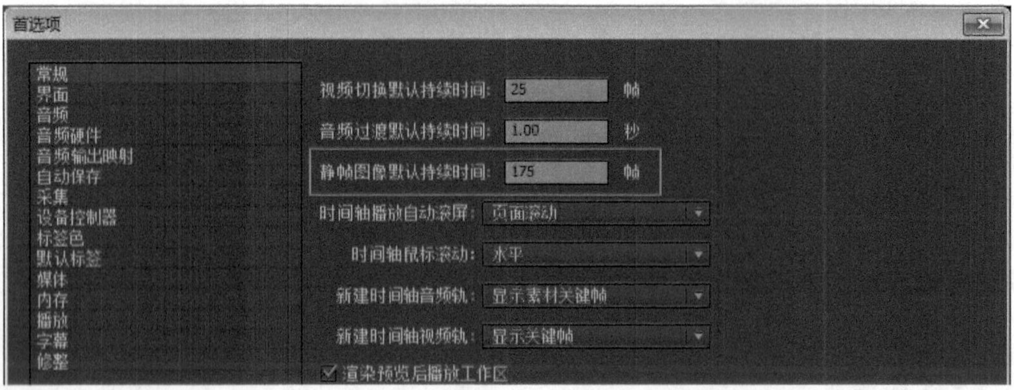

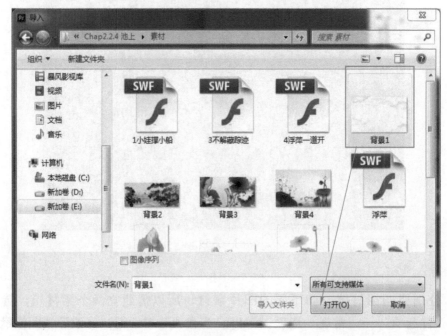

图 3-60

小提示

按制式时间计算方式：1秒为25帧，7秒为175帧。

2）在界面左下角项目调板中，在空白处单击鼠标右键，在弹出的快捷菜单中选择"新建文件夹"命令，并为其重命名为"7秒素材"。

3）在项目调板空白处双击，选择本书配套资源中的"Chap3.3池上\素材\背景1.jpg、莲花1.png、莲花2.png"3个图片素材，并把素材拖放至"7秒素材"文件夹内，如图3-61所示和图3-62所示。

4）使用同样的方法创建"6秒素材"文件夹，修改静帧图像默认持续时间为"150帧"，导入所有图片素材。

5）选择本书配套资源中的"Chap3.3池上\素材\1小娃撑小船.swf、3不解藏踪迹.swf、4偷浮萍一道开.swf】3个动画格式的视频素材，如图3-63所示。

图 3-61

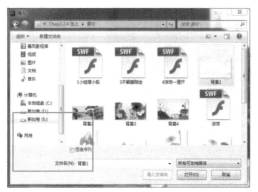
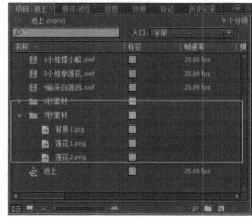

图　3-62　　　　　　　　　　　　　　　　图　3-63

3. 片头的制作

1）新建序列。单击项目调板中的"新建分类"按钮 🔲，选择"序列"，重命名序列名称为"片头"，单击"确定"按钮完成。

小提示

创建序列的其他方法：

①在项目调板空白处单击鼠标右键，在弹出的快捷菜单中选择"新建分类"→"序列"命令。

②在菜单栏中选择"文件"→"新建"→"序列"选项。

③按<Ctrl+N>组合键。

2）拖放素材。拖入"7秒素材"文件夹中的"背景1.jpg"并拖至"片头"序列视频轨道1，可缩放轨道查看素材文件，如图3-64所示。

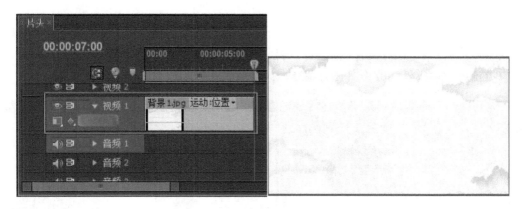

图　3-64

3）修改尺寸。由于"背景1.jpg"的图像尺寸为1024px×640px，不符合项目尺寸，左右两边出现黑条，需要调整其大小。单击轨道1素材，选择"缩放"效果，修改参数值如图3-65所示。调整前和调整后的效果可参考图3-66。

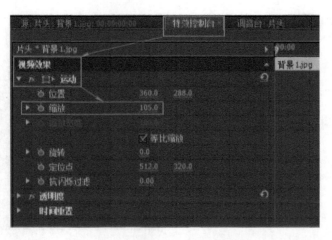

图 3-65

调整前后

图 3-66

　　4）修改位置。将"莲花1.png"和"莲花2.png"各拖入视频轨道2和轨道3中，如图3-67所示。调整素材图片的XY轴位置，将"莲花1.png"的XY轴修改为（555，310），"莲花2.png"的XY轴修改为（150，435），并放到合适的位置，如图3-68所示。

图 3-67

片头 * 莲花1.png			片头 * 莲花2.png		
视频效果			视频效果		
▼ ⌐□▷ 运动			▼ ⌐□▷ 运动		
⌚ 位置	555.0	310.0	⌚ 位置	150.0	435.0
▶ ⌚ 缩放		100.0	▶ ⌚ 缩放		100.0

图　3-68

商业规范

　　图片素材从互联网上下载，下载的图片上出现网页地址和Logo，但因商业播出的要求，一是要防止出现侵权事宜，二是要免除做广告的嫌疑，需进行图片处理，将网页地址和Logo擦除。

　　5）为"莲花1.png"添加视频特效。选择"视频特效"→"扭曲"→"边角固定"效果，按住鼠标左键不放，拖拉至轨道2"莲花1.png"处。可使用边角固定中的左上和右上两个方向，为莲花制作风中摇摆的效果，如图3-69所示。

　　6）制作莲花摇摆的效果。在"特效控制台"中的"边角固定"中，选择左上、右上，在"0帧"位置单击添加关键帧，复制关键帧，粘贴关键帧到"6秒24帧"，在"4秒"处设置左上为（50，0），设置右上为（538，0），如图3-70所示。

图　3-69

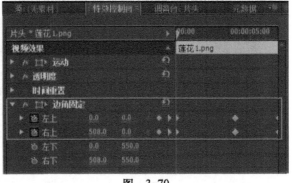
图　3-70

　　7）以此类推，制作"莲花2.png"的动画效果。也可复制"莲花1.png"的"边角固定"特效粘贴到"莲花2.png"特效控制台中，将第4s的关键帧拖拉至第3秒，达到不同的摇摆效果。随风摇摆的效果较为轻微，如同清风拂过，如图3-71所示。

图　3-71

8）添加字幕"池上"。打开"新建字幕"面板，在"名称"框中输入"片头"，如图3-72所示。单击"确定"按钮后，跳转到字幕面板，单击"文字"按钮T，输入文字"池上"，字体为STXingkai，字号150，字体填充颜色为黑色，单击"垂直居中"按钮、"水平居中"按钮，X轴保持不动，Y轴调整为240，如图3-73所示。

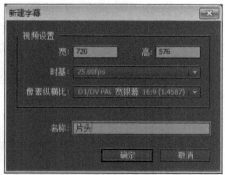

图 3-72

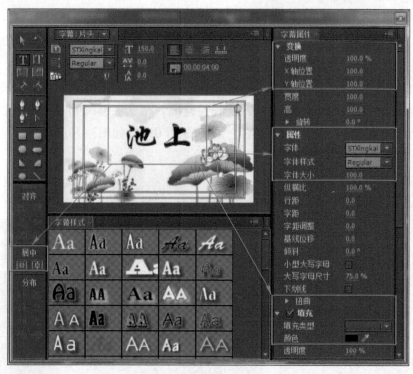

图 3-73

9）添加片头文字特效。将时间指针拖至1s处，将"片头"字幕拖曳至"片头"序列视频轨道4，如图3-74所示。为"片头"字幕添加"擦除"效果，将擦除特效持续时间修改为3s，如图3-75所示。

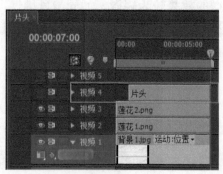

图 3-74

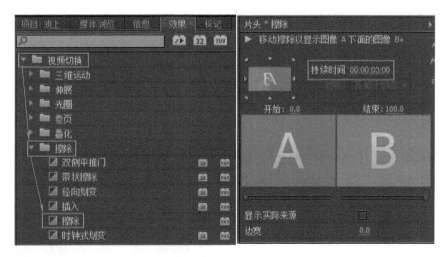

图 3-75

10）添加字幕"唐 白居易"。字体为STXingkai，字号50，字体填充颜色为黑色，文字位置调整为右下，如图3-76所示。

图 3-76

11）添加字幕特效。将指针移至3s处，将字幕"唐 白居易"拖曳至视频轨道5，此时发现字幕时间超过其他素材时间，可将鼠标移至字幕末尾，出现◀（向内裁剪）标志时，裁剪字幕至7s的位置。并在字幕开始处添加擦除特效，特效持续时间为2s，如图3-77所示。

图 3-77

4. 古诗第一场景：小娃撑小船

1）新建序列"1小娃撑小船"。

2）添加背景素材。在【6秒素材】文件夹中，将"背景2.jpg"拖曳至视频轨道1，因背景素材尺寸与序列尺寸不符，修改缩放值为140，效果如图3-78所示。

图 3-78

3）添加角色动画素材。将"1小娃撑小船.swf"拖曳至轨道2。为该素材添加"水平翻转"效果。在指针"0帧"的位置，XY轴的数值为（735，465），添加位置关键帧。将指针拖至"5秒24帧"的位置，添加关键帧，将XY轴的数值修改为（60，465），制作小船从右到左移动的效果，如图3-79所示。

图 3-79

4）添加前景素材。将"莲花1.png"拖曳至轨道3，调整XY轴数值为（580，360），将"莲花2.png"拖曳至轨道4，调整XY轴的数值为（115，435），效果如图3-80示。

5）添加字幕"小娃撑小船"。字体为STXinwei，字号80，字体填充颜色为黑色，添加阴影，文字位置调整至右上角安全框内，如图3-81所示。

图 3-80

图　3-81

6）添加字幕特效。将指针移至1s的位置，将字幕"小娃撑小船"拖曳到轨道5，此时发现字幕时间超过其他素材时间，使用◀（向内裁剪）命令裁剪至统一长度。并在字幕开始添加擦除特效，特效持续时间为2s，如图3-82所示。

图　3-82

5．古诗第二场景：偷采白莲回

1）新建序列"2偷采白莲回"。

2）添加背景素材。在【6秒素材】文件夹中，将"背景3.jpg"拖曳至视频轨道1，因背景素材尺寸与序列尺寸不符，修改缩放值为（110），效果如图3-83所示。

3）添加前景素材。由于需对前景素材做动画效果，所以将"荷花.png"拖曳至视频轨道2，调整其定位点，双击视频对话框中的"荷花.png"，出现中心点虚拟框，调整定位点XY轴数值为（120，255），调整位置XY轴数值为（305，615），如图3-84所示。

图 3-83

图 3-84

4）将"莲花3.png"拖曳至视频轨道3，调整定位点XY轴的数值为（200，515），调整位置XY轴的数值为（300，680），效果如图3-85所示。

图 3-85

◆ 检查评价

水晶印象文化传播有限公司不定期会有专家来检查校企工作室的工作进度，督促工作进度和提高工作效率，对本项目中的PR动画制作部分进行了三次检查，直至动画效果满意。

5）制作莲花被折下的动画。选择轨道3素材，在"0帧"的位置，给位置和旋转两个选项打上关键帧。旋转动画如下：在1s处，向右旋转10°；在"1秒20帧"处，向左旋转-5°；在"2秒08帧"处，向右旋转20°；在"2秒18帧"处，向左旋转-10°；在"2秒24帧"处，向右旋转20°；在"3秒04帧"处，向左旋转-10°；在"3秒08帧"处，向右旋转20°；在"4秒"处，向右旋转50°。

6）位置动画如下：在"3秒04帧"处，打上关键帧；在4s处，位置XY轴关键帧为300，1165，如图3-86所示。

图 3-86

7）添加荷花动画。为增加画面感，莲花被折下的时候会影响到同根的荷花，可适当增加荷花的摆动，表现动画效果。添加效果"视频特效"→"扭曲"→"边角固定"，对荷花制作随着莲花折下摆动的动画效果。在"0帧"的位置，给位置选项打上关键帧。旋转动画如下：在"1秒05帧"处，向右旋转3°；在"2秒02帧"处，向左旋转0°；在"2秒20帧"处，向右旋转5°；在"3秒04帧"处，向左旋转0°；在"3秒13帧"处，向右旋转5°；在"3秒21帧"处，向左旋转0°；在"4秒12帧"处，向右旋转4°；在"5秒24帧"处，向右旋转0°，关键帧设置如图3-87所示。动画效果如图3-88所示。

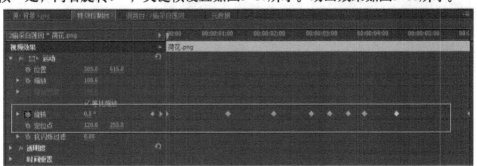

图 3-87

图 3-88

8）复制字幕。在“项目”对话框内，单击字幕“1小娃撑小船”，按<Ctrl+C>组合键复制，按<Ctrl+V>组合键粘贴。对复制出来的字幕“1小娃撑小船”重命名为“2偷采白莲回”，如图3-89所示。

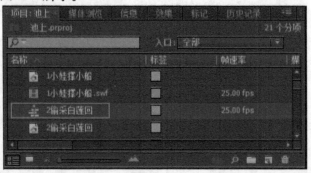

图 3-89

9）添加字幕。在指针1s的位置，将字幕“2偷采白莲回”拖曳至视频轨道4，将多出的视频进行裁剪，并添加2s时长的“擦除”特效。双击字幕“2偷采白莲回”，进入字幕编辑面板，将文字更改为“偷采白莲回”，如图3-90所示。

图 3-90

6. 古诗第三场景：不解藏踪迹

1）新建序列“3不解藏踪迹”。

2）添加背景素材。在素材库【6秒素材】文件夹中，将“背景3.jpg”拖曳至视频轨道1，因背景素材尺寸与序列尺寸不符，所以需修改缩放值为140。适当调整XY轴的位置，如图3-91所示。

图 3-91

3）添加角色动画素材。将"3不解藏踪迹.swf"拖曳至轨道2，缩放视频为70，在指针"0帧"的位置，XY轴的数值为（540，360），添加位置关键帧。将指针拖至"5秒24帧"的位置，添加关键帧，将XY轴的数值修改为（475，360），制作小船从右到左微微移动的动画，如图3-92所示。

图 3-92

4）复制字幕。在"项目"对话框内，单击字幕"1小娃撑小船"，按<Ctrl+C>组合键复制，按<Ctrl+V>组合键粘贴。对复制出来的字幕重命名为"3不解藏踪迹"。

5）添加字幕。在指针1s的位置，将字幕"3不解藏踪迹"拖曳至视频轨道3，将多出的视频进行裁剪，并添加2s时长的"擦除"特效。双击字幕"3不解藏踪迹"，进入字幕编辑面板，将文字更改为"不解藏踪迹"，如图3-93所示。

图 3-93

7. 古诗第四场景：浮萍一道开

1）新建序列"4浮萍一道开"。

2）添加背景素材。在【6秒素材】文件夹中，将"背景2.jpg"拖曳至视频轨道1，因背景素材尺寸与序列尺寸不符，修改缩放值为175，调整XY轴的位置为（405，205），如图3-94所示。

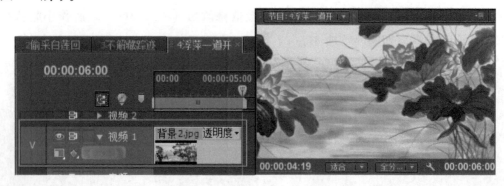

图 3-94

3）添加浮萍动画素材。将"浮萍.swf"拖曳至轨道2，缩放视频为160，调整XY轴的数值为（330，385），如图3-95所示。

图 3-95

4）添加角色动画素材。将【3浮萍一道开.swf】拖曳至轨道3，缩放视频为70，在指针"0帧"的位置，XY轴的数值为（180，385），添加位置关键帧。将指针拖至"5秒24帧"的位置，添加关键帧，把XY轴的数值修改为（775，385），制作小船从左到右移动的动画，如图3-96所示。

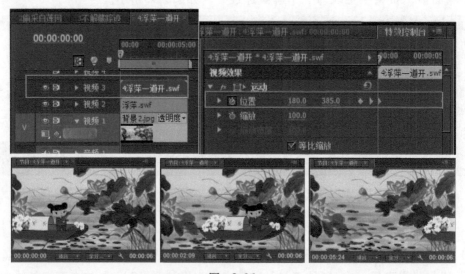

图 3-96

5）添加前景素材。将"莲花1.png"拖曳至轨道4，调整XY轴的数值为（550，365），将"莲花2.png"拖曳至轨道5，调整XY轴的数值为（125，445），如图3-97所示。

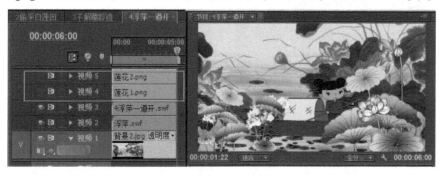

图　3-97

6）复制字幕。在"项目"对话框内，单击字幕"1小娃撑小船"，按<Ctrl+C>组合键复制，按<Ctrl+V>组合键粘贴。对复制出来的字幕重命名为【4浮萍一道开】，如图3-98所示。

7）添加字幕。在指针1s的位置，将字幕【4浮萍一道开】拖曳至视频轨道6，将多出的视频进行裁剪，并添加2s时长的"擦除"特效。双击字幕【4浮萍一道开】，进入字幕编辑面板，将文字更改为【浮萍一道开】，如图3-99所示。

图　3-98

图　3-99

8．制作片尾

1）新建序列"片尾"。在"项目"对话框里单击鼠标右键，在弹出的快捷菜单里创建"片尾"序列。

2）添加背景素材。拖入【7秒素材】文件夹中的"背景1.jpg"并拖至"片头"序列视频轨道1，修改缩放值为105。添加"莲花1.png"素材至轨道视频2，修改位置XY轴为（545，315），透明度为70。添加"莲花2.png"素材至轨道视频3，修改位置XY轴为（170，440），透明度为70，如图3-100所示。

电视广告宣传制作篇

图 3-100

3）添加字幕。创建字幕"片尾"，输入"少儿启蒙 每日一诗"，字体为 YouYuan，字号为75，字体填充颜色为黑色，添加阴影，设置文字位置为居中偏上，如图3-101所示。

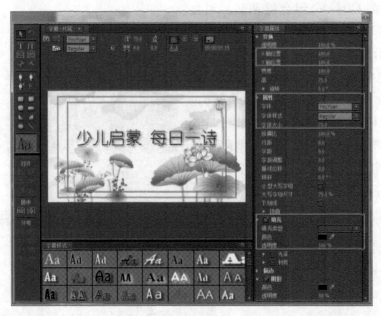

图 3-101

4）添加字幕特效。将指针移至1s处，在视频轨道4添加"片尾"字幕，并给字幕添加"带状滑动"特效，特效持续时间为1s。将字幕时间统一到7s的位置，如图3-102所示。

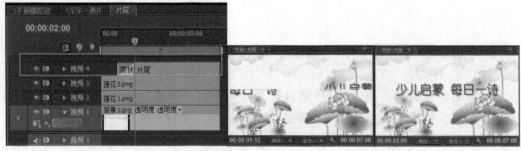

图 3-102

9. 合成序列

1）合并序列。双击打开"池上"序列，将"片头""古诗""片尾"三给序列依次拖曳至视频轨道1。

2）添加序列特效。将片头序列拖曳至"池上"序列中，给片头序列添加"渐隐为黑色"效果，如图3-103所示。

图　3-103

3）添加转场特效1。在"片头"序列开始处和"片尾"序列结束处，都添加"视频切换/叠化/渐变为黑色"的特效，设置特效时间为1s。

4）添加转场特效2。在"片头"序列与"1小娃撑小船"序列中间添加持续时间为1s的"交叉叠化（标准）"特效，如图3-104所示。

5）修改特效对齐方式。添加特效时，只能添加在某一序列上，需用鼠标左键单击特效，打开特效控制台，将对齐方式由"开始于切点"切换成"居中于切点"。在【4浮萍一道开】序列与"片尾"序列中间也添加相同的特效，如图3-105所示。

6）添加背景音乐。选择本书配套资源中的"Chap3.3池上\素材\背景音乐.mp3"音频素材，将素材拖曳至音频轨道。音频时间总长为6min，但"池上"的序列总时间为38s，需要对音频进行裁剪。将指针移至38s处，使用"剃刀工具" ✎ 裁剪音频，并按<Delete>键删除后面的音频。

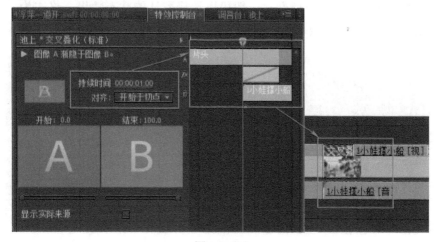

图　3-104

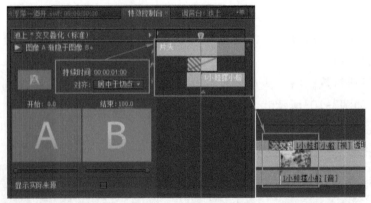

图 3-105

7）添加音频特效。对"背景音乐.mp3"前后歌添加"指数型淡入淡出"特效，头部添加1s的淡入特效，尾部添加3s的淡出特效。使首尾的音乐淡入淡出，如图3-106所示。

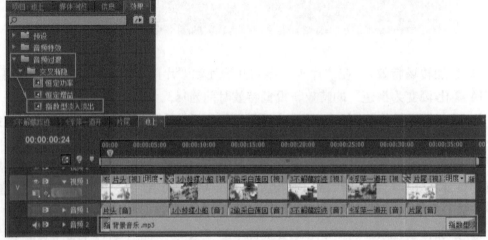

图 3-106

10.渲染输出

1）导出设置。选择菜单栏"文件"→"导出"→"媒体"命令，或者按<Ctrl+M>组合键，跳转出"导出设置"对话框，一般可以选择默认的状态输出。格式为"Microsoft AVI"，预设为"PAL DV宽银幕"，输出名称为"池上.avi"，如图3-107所示。

图 3-107

小提示

视频输出格式一般默认格式为"Microsoft AVI",预设为"PAL DV宽银幕",输出文件画面质量高,但导出文件过大,不利于传输和转换。目前市面上采用较多的高清格式为MPEG2,预设为HDTV 720p 25高质量,图样画质清晰,但文件却小很多,也能满足一般用户要求。

2)导出视频。单击"队列"按钮,跳转至"Adobe Media Encod"界面,单击"Start Queue(Return)"(开始渲染)按钮,开始导出视频。输出完毕后,关闭窗口,如图3-108所示。

图 3-108

3)保存项目。可按<Ctrl+S>组合键快速保存。

11. 项目审核和交接

1)本项目由工作室成员完成后,交由工作室导演审核。

2)经过导演审核后,需修改的部分进行首次修改。

3)再由导演交付至电视台制片审核,根据客户的意见,工作室成员进行二次修改。

4)一般经过两到三次的修改后,最终完成项目的审核和交接。

◆ 项目拓展

1.请读者利用本书配套资源中的"Chap3.3 池上/项目拓展"文件夹内的素材进行制作

制作要求:

1)更换"少儿启蒙 每日一诗"字幕特效,添加"双侧平推门"的效果。

2)修改特效持续时间为2s,如图3-109所示。

3)效果参考如图3-110所示。

2.请读者利用本书配套资源中的"Chap3.3 池上\项目拓展"文件夹内的素材文件制作添加"唐诗旁白"。

制作要求:

1)导入"对白"文件夹内的MP3音频素材。

2）对应文字画面，根据文字速度调整字幕开始时间。

3）为了突出旁白的声音，需要适当降低"背景音乐"的音量。单击"音频2"前面的三角 ▼ 音频2 ，展开音量调节线，黄色线向上移动为升高，黄色线向下移动为降低。降低前和降低后的效果比较如图3-111所示。

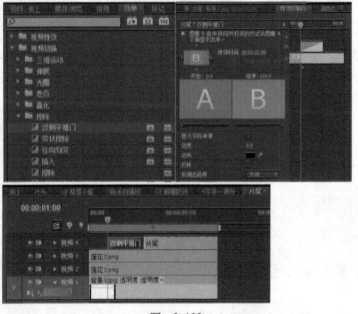

图　3-109

图　3-110

图　3-111

4）升高"旁白"的音量，同样也是展开"音频3"前面的三角，可根据导入音频声音的高低，单独调整每个旁白的音量，效果参考如图3-112所示。

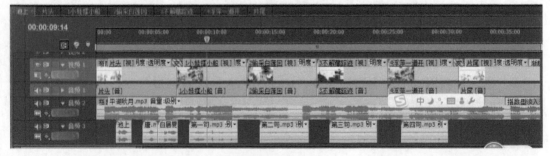

图　3-112

■ 项目评价

在本项目中，通过学习了解了非线性编辑的基本概念；了解了电视制式、帧速率、场等视频合成的概念。通过导入多种素材了解了整个Premiere界面及应用，熟练掌握了关键帧动画的制作在Premiere中的使用。最后还学习了使用Premiere软件处理少儿电视栏目包装，了解了电视栏目包装的制作流程。通过本项目的学习，做一个项目评价和自我评价见表3-6。

表3-6　项目评价与自我评价

《儿童节目——池上》	很满意	较满意	有待改进	不满意
项目设计的评价				
项目的完成情况				
知识点的掌握情况				
与本组成员协作情况				
自我评价				

■ 实战强化

请读者利用本书配套资源中的"实战强化/Chap03 魅力男士"文件夹内的素材制作电视广告宣传片"魅力男士"。

要求：

1）可参考项目1"时尚追踪"的表现形式进行视频创作。

2）在制作过程中可加入自己的创意和想法。

3）导出视频。

▶▶▶ 单元小结

本单元通过制作电视广告宣传介绍了商业片制作的一般手法，相对于影楼写真制作而言，电视广告制作要更难一些。大部分电视广告制作都有丰富的素材供选用，而且制作的重点也比较容易确定，关键是把握影片的长度和画面切换的节奏，读者在制作此类宣传片时要注意怎样将多种素材融合在一起，并达到商业片的要求。

电视广告宣传制作篇

第4单元

微电影制作及新闻采访制作篇

本单元为微电影制作应用篇，通过完成这些项目，本单元将对Premier在微电影制作中的要求进行详细讲解，为专业岗位的学习打下坚实的基础。为协助沙田民歌协会申请国家级非物质文化遗产，桂花学校组成了企业、教师、学生的工作团队，与水晶文化传播有限公司合作成立水晶影视校企工作室，进行微电影《疍家渔歌》的创作，同时也提升了教学质量。

微电影创作背景

疍家人是在珠三角地区靠打渔为生的水上居民，最早《岭外代鉴 延蛮》记载："浮生江海者，疍也"。疍民以舟辑为家，捕鱼为业，在劳作、生活中形成了一种历史悠久的对歌习俗，自创了一种操以广州方言演唱的渔歌，称为"疍家渔歌"，或名"沙田民歌""白话渔歌""咸水歌"。疍家渔歌的创作始于东晋，兴盛于明清，至今已经有1500多年历史。

疍家人习惯"以歌代话、以歌传情"，最显著的特点是"船头对歌，两岸对歌"且即兴发挥，歌词常用对偶、比喻、夸张等修辞手法，乐句规范公整，歌曲则有其独特而固定的韵调，旋律优美，让人听后易记易懂，韵味悠长。日积月累，形成了高堂歌、大卖鸡、大嗣歌、禾流歌、咸水歌、姑媳歌等多种流派，取材内容囊括了婚嫁、祝寿、丰收等几乎全部日常生活题材。

千百年来，疍家渔歌由劳动人民一代一代口口相传，没有文字或曲谱记录，即"无谱"，也缺少理论方面的系统研究。在传承的过程中，又受到社会因素如"文革"的影响，很少有人整理和保存这类歌曲。如今的年轻人对疍家渔歌普遍不感兴趣，很多40、50岁以下的沙田人都不怎么会唱疍家渔歌了，这种珍贵的古调正处在失传的边缘。

近年来，以珠海理工学校的黄华欢书记为代表的多位音乐人，本着对疍家渔歌的热爱，一直致力于保护、挖掘和推广疍家渔歌的工作。为了在最大范围内推广和传播疍家渔歌，在曲调、语言种类的拓展上，本地的音乐人也与时俱进大胆革新，使得疍家渔歌逐渐恢复了生机。如今，疍家渔歌已经被收录为珠海市非物质文化遗产。

今年，珠海理工职业技术学校美术设计专业部与珠海远目文化传播有限公司共同建立校企合作工作室，为学生提供一个与社会工作对接的实践平台，同时也选取了疍家渔歌这个主题进行拍摄和制作微电影，本影片的制作，便是来源于此……

微电影剧情介绍

来自音乐学院的一对青年男女在斗门沙田地区游玩时，无意中听到郭伯在江边清唱疍家渔歌，引起了他们的极大兴趣，经过路人指点，两位青年参观了船头对歌、水上婚嫁等斗门疍家人的传统对歌习俗，并有幸结识了郭伯、黄校长等人，两位前辈多年来一直致力于疍家渔歌这种非物质文化遗产的宣传和传承工作……

商业规范

本单元来自于微电影《疍家渔歌》，由杜勇总导演和梁波副导演执导，珠海市

第4单元

远目文化传播有限公司和珠海市理工职业学校合作拍摄制作，致力于宣传"沙田民歌非物质文化遗产"。

微电影制作流程

1. 微电影前期准备

1）写出文学剧本。

2）根据文学剧本绘画分镜头脚本，若无法用绘画的形式表现，则可以根据拍摄的场景写出文字脚本。

3）找演员、场地、道具、器械以及拍摄组人员安排。

2. 微电影拍摄过程

1）到场地踩点。

2）正式拍摄。

3）检查画面，若有明显穿帮或效果不佳需补拍。

3. 微电影后期工作

1）录音。

2）制作片头（一般使用After Effects和Premiere制作）。

3）根据脚本，使用Premiere剪辑片段内容，进行简单调色、添加视频特效。

4）使用Premiere添加字幕、对白、音乐、音效。

5）使用Premiere制作片尾。

6）使用Premiere合成整片。

▶▶▶ 学习目标

知识目标：掌握微电影的基本操作及简单剪辑

技能目标：能通过Premiere操作制作微电影视频

情感目标：培养学生的团队协作能力和与客户沟通的能力

项目1 《疍家渔歌》开篇 <<<

■项目情境

为了更好地传承和发展沙田民歌，保护这类非物质文化遗产，沙田民歌协会找到了水晶印象有限公司，提出制作微电影《疍家渔歌》的想法。水晶印象有限公司因第一次拍摄微电影类题材，需要水晶印象校企工作室提供摄制团队和后期制作团队进行协助，也向梁导提出了合作意向。

梁导根据沙田民歌协会的要求，策划了一个基本构思，分成三个篇章去表现微电影《疍家渔歌》。

第1篇章为介绍沙田民歌的起源和历史。

第2篇章为展现沙田民歌的特色和韵律。

第3篇章为表达沙田民歌的发展和传承。

并根据黄制片对第1篇章中提出的片头标题文字和第1故事场景的片段要求，编写了相关的文学剧本，如下：

"疍家人"通指在水上生活的居民，最早《岭外代鉴 延蛮》记载："浮生江海者，疍也"。疍民以舟辑为家，捕鱼为业，在珠江三角洲地区，人们为调剂生活，增加村与村之间的友情，逐渐形成了一种对歌酬谢的习俗。各地多半在农忙之前或收获之后，搭起歌台，进行比试；中秋节时，还把船摇到江心，连成"中山咸水歌擂台"。

开篇以表现水上生活的疍民，以舟辑为家，捕鱼为业，为调剂生活，边捕鱼边清唱沙田民歌。由沙田民歌协会会员郭幸福清唱原生态捕鱼歌曲。一对在田间游玩的青年男女无意间听到旋律优美的沙田民歌，便寻音而去。路上偶遇放学的小学生，便向他们询问刚才阿伯唱的是什么？由此展开第1篇章。第1篇章场景见表4-1。

表4-1　第1篇章场景

视频解说词	画面主体	背景音乐/演唱者	场地和演员
手执抛网企头舱，见妹掉艇好熟行，撒网落海回头望，好妹微笑情义长，睇哥收网艇头痾，用力倒桨缩后头，大鱼挣网时时有，满载鱼归把工收。	渔民出海打渔收网	郭幸福清唱	莲洲浦益村河上、渔民、郭幸福
青年男：小朋友，阿伯唱的是什么歌啊？ 小学生：咸水歌啰！ 青年男：咸水歌？ 小学生：咸水歌就是沙田民歌的意思。 青年男：沙田民歌啊。 青年女：快查一下。	一对青年男女在田间骑车游玩，听到沙田民歌，向放学回家的小学生询问		河边放学路上、小学生、青年男女

梁导将此工作指派给工作室两个部门。先由摄制组前往莲洲浦益村拍摄了一组渔民捕鱼收网、青年男女田间骑车游玩、与小学生相遇的画面，摄制组将所有拍摄的视频、图片素材送至工作室。再由影视后期组负责视频素材和音乐素材的整理，并剪辑合成片头。由水晶印象校企工作室制作，交由水晶印象文化传播有限公司初审，最后交由沙田民歌协会终审。

◆ **项目分析**

本项目以渔民出海打渔收网和青年男女田间游玩为画面主体，影视后期组根据梁导提供的解说词和摄制组提供的视频素材、背景音乐等进行素材整理。梁导要求以解说词剪辑主线，时长为分秒左右。时序为"渔民出海打渔收网→郭伯清唱沙田民歌→青年男女田间游玩→青年男女路遇放学的小学生"为剪辑顺序。影视后期组根据梁导的要求进行《疍家渔歌》片头和第1场景的影视剪辑创作。视频素材背景为渔民出海撒网和一对青年男女在田间游玩的过程中听到沙田民歌，开始探寻这段优美的文化。片头中出现片名《疍家渔歌》，结合本次微电影主题，要使用书法文字书写的方式表达片名，梁导要求对提供的视频素材按文字脚本顺序排列。本项目对提供的视频素材原本无序排列，根据样片进行排序，重在通过学习Premiere进行视频剪辑，添加特效、字幕、对白、歌词和音效等。

项目最终效果图如图4-1所示。

图　4-1

◆ **必备知识**

在制作本项目之前，须具备以下知识：了解视频剪辑分镜头知识，在Premiere中导入序列素材、添加字幕和视频、音频的方法。

◆ **项目实施**

1．新建项目和序列

1）启动Premiere软件，单击"新建项目"按钮，打开"新建项目"对话框。

2）单击"浏览"按钮，设置项目存储位置。修改项目名称为"《疍家渔歌》片头"，单击"确定"按钮，如图4-2所示。

图　4-2

3）单击"确定"按钮后，系统自动跳转到"新建序列"对话框。在对话框中展开

"序列预设"→"AVC-Intra"→"1080p"→"AVC-I 100 1080p25"选项，修改"序列名称"为"蛋家渔歌片头"，单击"确定"按钮后进入Premiere工作界面，如图4-3所示。

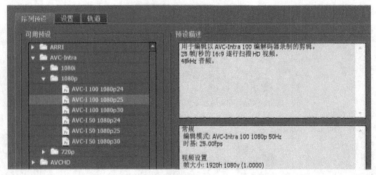

图 4-3

小提示

电影宽屏制式与普通宽屏不同，在拍摄本部微电影时，选用的摄像模式为超宽超高清模式，当导入到Premiere软件中，也需要制式配合使用。选择"序列预设"→"AVC-Intra"→"1080p"→"AVC-I 100 1080p25"选项，帧大小为1920H和1080V。

2. 导入素材

1）在界面左边的"项目面板"中，在空白处双击导入"序列01.avi～32.avi"32个视频素材。

2）单击"项目面板"右下角的"新建文件夹"按钮🗀，单击第一个序列视频，然后按住<Shift>键，用鼠标滚轮滚动到最下面的视频后单击，选中全部视频素材，然后拖曳到"新建文件夹" ▼ 📁 Bin 01 中，可以在单击"Bin 01"文字后，输入"视频素材"文字，以便日后操作方便。

3. 片头字幕的制作

小提示

创建序列的其他方法：

① 在项目调板空白处单击鼠标右键，在弹出的快捷菜单中选择"新建分类"→"序列"选项。

② 在菜单栏中选择"文件"→"新建"→"序列"选择。

③ 按<Ctrl+N>组合键。

1）在"项目面板"空白位置单击鼠标右键，在弹出的快捷菜单中选择"新建项目"→"序列"选项。

2）将当前时间指针置于00:00:00:00处，选择菜单"文件"→"新建"→"序列"选项，弹出"新建序列"对话框，输入字幕名称"片头文字"，单击"确定"按钮关闭对话框。

3）选择"文件"→"新建"→"字幕"命令，弹出"新建字幕"对话框，如图4-4所示。

图 4-4

4）输入字幕名称"片头字幕"后，单击"确定"按钮，弹出字幕调整面板。

5）在绘制区域单击欲输入文字的开始点，出现闪动光标，输入片头文字"珠海"，输入完毕后单击左侧"字母工具调板"中的"选择工具"按钮 结束输入。保持文本的选择状态，选择右侧设置"字体系列"为"黑体"。

6）设置片头文字的位置。设置"字体大小"为35，设置XY轴值为（371.0，286.9），如图4-5所示。

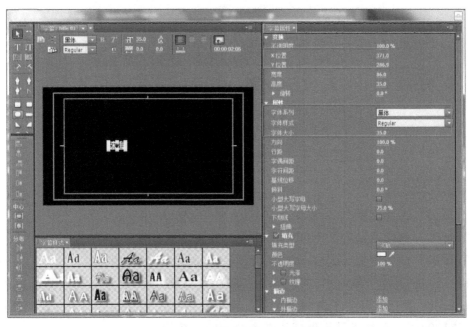

图 4-5

7）然后再以同样的方式做出"斗门""新洲村"字幕。

8）将三个字幕放到时间轴调板上，将时间指针置于00:00:06:00处，如图4-6所示。

9）单击"Title 01"字幕素材，单击 效果控件显示调整面板，如图4-7所示。

10）单击"效果控件"→"视频效果"→"不透明度"栏中的"展开"按钮 打开调整面板，将指针置于最初始位置，将"不透明度"调整为0.0%，如图4-8所示。单击

"关键帧"按钮，再把时间指针置于00:00:01:08处，将"不透明度"调整为100%。

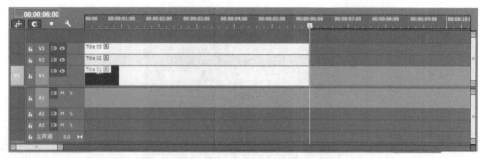

图 4-6

图 4-7

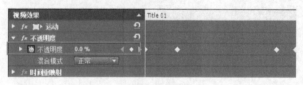

图 4-8

"Title 01"透明度值（00:00:00:00 - 0.0% ～ 00:00:01:08 - 100.0%）。

"Title 02"透明度值（00:00:01:15 - 0.0% ～ 00:00:02:17 - 100.0%）。

"Title 03"透明度值（00:00:02:24 - 0.0% ～ 00:00:03:22 - 100.0%）。

11）单击 Sequence 01 × 回到序列01中， Sequence 02 单击将其拖曳到视频轨道V1上。单击Sequence 02，打开"不透明度"栏，将时间指针置于00:00:05:00位置，单击 ，输入数值100.0%，再将指针拖曳到轨道末端，输入数值0.0%。

4. 片头的制作

1）打开"视频素材"文件夹，单击"序列01.avi"素材并拖曳置视频轨道V1上，与"Sequence 02"序列靠齐。

2）将时间指针置于00:00:13:03位置，单击"序列01.avi"右端，将其向时间指针拉动，直到对齐指针位置，如图4-9所示。

图 4-9

3）采用同样的方法，分别对其他素材片段进行入点的设置，可参考图4-10，并添加到序列中，如图4-11所示。

编号	视频素材	入点	编号	视频素材	入点
01	片头.avi	00:00:13:05	16	序列 16.avi	00:00:54:08
02	序列 02.avi	00:00:14:13	17	序列 17.avi	00:00:55:18
03	序列 03.avi	00:00:16:07	18	序列 18.avi	00:00:58:14
04	序列 04.avi	00:00:17:20	19	序列 19.avi	00:00:59:23
05	序列 05.avi	00:00:21:06	20	序列 20.avi	00:01:03:02
06	序列 06.avi	00:00:24:10	21	序列 21.avi	00:01:05:11
07	序列 07.avi	00:00:26:09	22	序列 22.avi	00:01:06:10
08	序列 08.avi	00:00:29:04	23	序列 23.avi	00:01:10:08
09	序列 15.avi	00:00:32:00	24	序列 24.avi	00:01:13:03
10	序列 31.avi	00:00:35:15	25	序列 25.avi	00:01:15:05
11	序列 10.avi	00:00:38:22	26	序列 26.avi	00:01:16:24
12	序列 11.avi	00:00:41:23	27	序列 27.avi	00:01:18:08
13	序列 12.avi	00:00:44:14	28	序列 28.avi	00:01:22:03
14	序列 14.avi	00:00:47:06	29	序列 29.avi	00:01:26:10
15	序列 15.avi	00:00:50:11	30	序列 30.avi	00:01:29:02

图 4-10

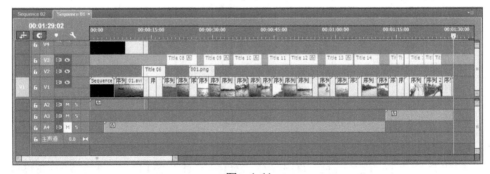

图 4-11

5. 制作字幕

（1）歌词字幕

1）编辑片头歌词文字。按<Ctrl+T>组合键弹出"字幕编辑工具"窗口，保持文本的选择状态，选择字体列表中的"大梁体"字体；在右侧的"字幕属性"调节板中设置字体大小为48.7；设置文本填充颜色为黄色（DFAA0A），为其添加"阴影"效果，效果选择默认；在变换位置下，设置XY轴为（516.4，487.5），如图4-12所示。

图　4-12

2）采用同样的方法，分别对其他字幕进行入点和出点的设置，如图4-13所示。

字幕	开始	结束
手执抛网企头舱	00:00:12:20	00:00:18:15
见妹掉艇好熟行	00:00:18:24	00:00:26:09
抛网落海回头望	00:00:28:00	00:00:34:06
好妹微笑怜意长	00:00:35:06	00:00:42:02
睇哥收网艇头痞	00:00:43:16	00:00:48:22
用力份浆缩没头	00:00:48:22	00:00:55:19
大鱼争网时时有	00:00:57:16	00:01:04:08
满载鱼归把工收	00:01:04:16	00:01:11:00

图　4-13

（2）人物对话

1）编辑片中人物对话字幕，调出"字幕编辑工具"窗口，保持文本的选择状态，选择字体列表中的"黑体"字体；在右侧的"字幕属性"调节板中设置字体大小为33.9；设置文本填充颜色为白色；为其添加"阴影"效果，效果选择默认；在变换位置下，设置XY轴为"516.4，487.5"，如图4-14所示。

2）采用同样的方法，分别对其他字幕进行入点和出点的设置，如图4-15所示。

图　4-14

字幕	入点	出点
小朋友 阿伯唱的是什么歌啊	00:01:13:08	00:01:15:05
咸水歌啰	00:01:15:05	00:01:16:23
咸水歌	00:01:17:01	00:01:18:08
咸水歌就是沙田民歌的意思	00:01:18:08	00:01:21:24
哦 沙田民歌啊	00:01:21:24	00:01:24:05
快查一下	00:01:24:05	00:01:26:05

图　4-15

6. 片头标题

1）选择本书配套资源中的"Chap4.1片头\素材\毛笔字幕"中的序列图片，导入至视频轨道V2。

2）将时间指针置于00:00:24:10处，把"毛笔字幕"拖曳至时间指针处作为开头，与视频"序列06.avi"齐平，如图4-16所示。

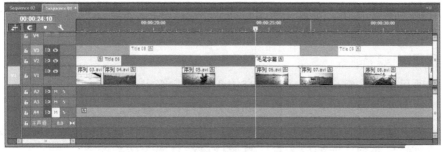

图　4-16

7. 导入音频

1）选择本书配套资源中的"Chap4.1片头\素材\音频\唱歌.mp3、对白旁白.mp3"两个音频素材，导入到素材库。

2）把"对白旁白.mp3"音频拖曳至A4时间轴，以00:00:03:11作为开头时间；把"对白.mp3"音频拖曳至A3时间轴，以00:01:12:07作为开头时间，如图4-17所示。

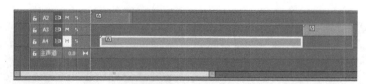

图 4-17

8. 导出视频

1）选择"文件"→"导出"→"媒体"命令，跳出"导出设置"面板。

2）在"导出设置"下选择格式为AVI、预设为"PAL DV宽银幕"格式，输出名称为"疍家渔歌"如图4-18所示。

图 4-18

3）单击"队列"按钮，跳转至Adobe Media Encodr界面，单击"Start Queue (Return)"（开始渲染）按钮 ，开始导出视频，输出完闭后，关闭窗口。

4）选择"文件"→"保存"命令，将项目文件进行保存，可按快捷键<Ctrl+S>快速保存。

9. 项目审核和交接

1）本项目由工作室成员完成后，交由工作室主管审核。

2）经过主管审核后，对需要修改的部分进行首次修改。

3）再由主管交付至客户审核，根据客户的意见，工作室成员进行二次修改。

4）一般经过两到三次的修改后，最终完成项目的审核和交接。

◆ 项目拓展

请读者利用本书配套资源中的"Chap4.1片头\项目拓展"文件夹内的素材进行添加电影宽屏黑条效果的制作。

制作要求：

1）选择"文件"→"新建"→"字幕"命令，打开"新建字幕"对话框，输入

"黑边"。

2）单击左侧"字母工具"调板中的"矩形工具"按钮▉，在绘制区域中画出一个矩形，在右侧"字幕属性"调板中，输入宽度值为"1085.6"，高度值为"114.5"，如图4-19所示。

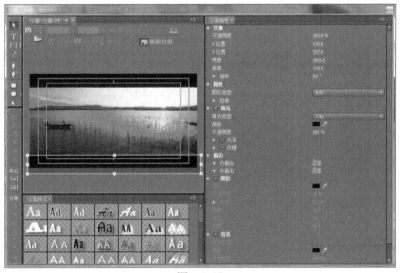

图 4-19

3）单击Title 04并按<Ctrl+C>组合键，再把时间指针置于00:00:00:00位置，单击V6并按<Ctrl+V>组合键复制一条"黑边"，置于视频上方位置，如图4-20所示。

图 4-20

■ 项目评价

在本项目中，学习使用了Premiere软件处理微电影片头项目，选取微电影片头部分来了解微电影的制作流程，掌握Premiere软件的基本知识点。通过本项目的学习，做一个项目评价和自我评价，见表4-2。

表4-2　项目评价和自我评价

微电影《开篇》	很满意	较满意	有待改进	不满意
项目设计的评价				
项目的完成情况				
知识点的掌握情况				
与本组成员协作情况				
客户对项目的评价				
自我评价				

项目2 《疍家渔歌》祝寿片段 <<<

■ 项目情境

微电影的第2篇章需要表达沙田民歌的特色和韵律，此段主要以打渔清唱、劳作对歌、祝寿、演出几个小故事为叙述线穿插进行，以黄华欢老师等非遗工作者及本地疍民采访为旁评，介绍疍家渔歌的特点：对偶、随性发挥、题材广泛。

梁导根据沙田民歌协会对第2篇章中祝寿的片段要求编写了相关的文学剧本，如下：

正所谓"田庐渔户水城一国"，在珠海居住的水上人有近20万，形成了这里独具特色的沙田水上文化，内容更多样、题材更广泛、旋律与时俱进，歌曲更贴近平民百姓的生活。细数沙田歌中的歌词，也以珠海沙田民歌最多，如今岭南其他地方的沙田歌唱法，很多都参考了珠海地区的沙田歌特点，由此可见，这里即是研究沙田民歌发展最宝贵的"活化石"之地。在斗门的乡间河道，划着小船、哼着小曲，听着本地沙田人唱诵的千年古调，真是别有一番滋味。

每逢农忙收获，村民常会搭起歌台，进行赛歌；如逢老者寿宴、婚娶，沙田歌更是一个不可缺少的祝福环节，这浓浓的恩情祝福，都融在那动人的旋律中，呈现出"灯火不灭，歌声不止"的盛景。本项目画面主体为农家庭院，老人祝寿的场景。背景歌曲为《送郎一条花手巾》或《有书不读枉少年》。第2篇章场景见表4-3。

表4-3　第2篇章场景

视频解说词	画面主体	背景音乐/演唱者	场地和演员
正所谓"田庐渔户水城一国"，在珠海居住的水上人家有近20万，成为研究疍家渔歌发展最宝贵的"活化石"之地。每逢农忙收获，村民常会搭起歌台，如逢老者寿宴，沙田民歌更是一个不可缺少的祝福环节	水上人家、农忙佳节、老者寿宴	《哥有义妹有情》	莲洲浦益村老人、儿童
祝你寿比似南山，开心快乐在人间，四季如春花灿烂，祝你黑发又康安		童声《祝寿歌》	

梁导将此工作指派给工作室两个部门。先由摄制组前往莲洲浦益村拍摄了一组水上人家和老者寿宴的画面，再由影视后期组负责旁白录制、视频素材和音乐素材的整理，并剪辑合成视频。此工作由水晶印象校企工作室制作，交由水晶印象文化传播有限公司初审，最后交由沙田民歌协会终审。

◆ **项目分析**

本项目以水上农家和老者寿宴为画面主体，影视后期组根据梁导提供的解说词和摄制组提供的视频素材、背景音乐等进行整理。梁导要求以解说词剪辑主线，时长为分秒左右。时序为"水上人家→农忙佳节→老者寿宴"为剪辑顺序。影视后期组根据梁导的要求进行《疍家渔歌》祝寿片段的影视剪辑创作。本视频素材背景为沙田民俗中疍家人为老人祝寿的片段，有孩童唱歌的片段。要求对提供的视频素材原本无序排列，根据样片进行排序，重在通过学习Premiere调整视频颜色，添加字幕、旁白、歌词、背景音乐等。

项目最终效果图如图4-21所示。

图　4-21

◆ **必备知识**

在制作本项目之前，必须具备以下知识：了解视频剪辑分镜头知识，在Premiere中导入视频素材、音频素材，根据视频添加字幕的方法。

◆ 项目实施

1. 新建项目和序列

1）启动Adobe Premiere Pro软件，打开"新建项目"对话框。

2）在"新建项目"对话框中，单击"浏览"按钮，设置项目的存储位置。修改项目名称为"《疍家渔歌》祝寿"，如图4-22所示。

图 4-22

3）单击"确定"按钮后，系统自动跳转到"新建序列"对话框，在对话框中展开"AVC-Intra"→"1080p"→"AVC-I 100 1080p25"选项，修改序列名称为"祝寿"，单击"确定"按钮后进入Premiere工作界面，如图4-23所示。

图 4-23

2. 导入素材

1）在项目面板中的空白处单击鼠标右键，在弹出的快捷菜单中选择"导入"命令，如图4-24所示。将本书配套资源中的"Chap4.2 祝寿"中的音视频素材导入。

2）在项目面板空白处单击鼠标右键，在弹出的快捷菜单中选择"新建素材箱"命令，新建一个名为"视频"的素材箱，并把视频素材拖放至其内。

3）使用同样的方法创建"音频"素材箱，并将所有音频素材拖放至其内，如图4-25所示。

图　4-24　　　　　　　图　4-25

3. 组接素材

1）在项目面板中，双击"06.wmv"素材片段，在源监视器面板中将其打开，如图4-26所示。

图　4-26

2）单击面板下方的"播放"按钮 ▶ ，对素材进行播放预览。在"7秒17帧"处，单击"设置入点"按钮 { ，设置素材的入点；在"13秒11帧"处，单击"设置出点"按钮 } ，设置素材的出点；然后单击"插入"按钮 ，将其添加到序列中，如图4-27所示。

图　4-27

3）在项目面板中，双击"02.wmv"素材片段，在源监视器面板中将其打开。在"2秒05帧"处，设置素材入点；在"5秒15帧"处，设置素材出点；单击"插入"按钮 ▣，将其添加到序列中"06.wmv"素材片段之后。

4）采用同样的方法，分别对其他素材片段设置入点、出点，并添加到序列中，如图4-28所示。

镜号	素材名称	入点时间	出点时间	镜号	素材名称	入点时间	出点时间
01	06.wmv	00:00:07:17	00:00:13:11	12	04.wmv	00:00:05:08	00:00:06:05
02	02.wmv	00:00:02:05	00:00:05:15	13	20.wmv	00:00:00:00	00:00:02:09
03	18.wmv	00:00:00:00	00:00:02:05	14	17.wmv	00:00:07:07	00:00:09:07
04	21.wmv	00:00:07:02	00:00:09:08	15	08.wmv	00:00:03:03	00:00:05:13
05	11.wmv	00:00:08:23	00:00:10:20	16	05.wmv	00:00:06:14	00:00:10:10
06	15.wmv	00:00:00:00	00:00:02:17	17	09.wmv	00:00:03:14	00:00:05:04
07	13.wmv	00:00:03:04	00:00:04:20	18	03.wmv	00:00:04:24	00:00:07:02
08	07.wmv	00:00:02:08	00:00:04:19	19	10.wmv	00:00:02:04	00:00:03:10
09	12.wmv	00:00:05:04	00:00:07:03	20	01.wmv	00:00:03:09	00:00:05:16
10	14.wmv	00:00:05:09	00:00:09:10	21	16.wmv	00:00:08:16	00:00:12:16
11	17.wmv	00:00:15:02	00:00:16:12	22	19.wmv	00:00:11:13	00:00:16:20

图 4-28

5）在序列"祝寿"的时间轴面板中，选中所有素材片段及其音频（或按<Ctrl+A>组合键），然后单击鼠标右键，在弹出的快捷菜单中取消链接命令，取消视频与音频的链接，然后删除轨道中的所有音频，如图4-29所示。

图 4-29

4．素材序列调色

1）在序列"祝寿"的时间轴面板中，将当前时间指针置于00:00处，选中所有素材片段（或按<Ctrl+A>组合键），然后单击鼠标右键，在弹出的快捷菜单中选择"缩放为帧大小"命令，效果如图4-30所示。

处理前

处理后

图 4-30

2）执行"菜单栏"→"窗口"→"效果控件"命令，打开"效果控件"面板，然后在序列"祝寿"的时间轴面板中，将当前时间指针置于00:00:03:20处，单击轨道中的"06.wmv"，在"效果控件"面板中将其打开。

3）执行"菜单栏"→"窗口"→"效果"命令，打开"效果"面板，在"效果"面板中选择"色彩校正"选项，将其下的"RGB曲线"拖入"效果控件"面板，如图4-31所示。

4）在"效果控件"面板中，调整效果"RGB曲线"，如图4-32所示，使素材片段色彩更加饱和艳丽。

 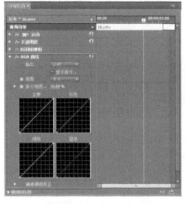

图 4-31　　　　　　　　　　　　　图 4-32

5）采用类似的方法，对轨道中的"02.wmv"进行调色，效果如图4-33所示。

处理前　　　　　　　　　　　　处理后

图 4-33

继续采用类似的方法，并试着添加其他调色效果，分别对轨道中的其他素材片段进行调色。

5. 素材位置调整

1）在序列"祝寿"的时间轴面板中，将当前时间指针置于00:00:07:12处，单击轨道中的"02.wmv"，在"效果控件"面板中将其打开。

2）在"效果"面板中选择"水平翻转"选项，拖入至"效果控件"面板中。

3）展开"效果"面板中的"运动"效果，将"位置"属性中的第2个数值"Y坐标"调整为490。

采用同样的方法，分别调整其他素材片段的Y坐标，如图4-34所示。

镜号	素材名称	Y坐标
02	02.wmv	490
04	21.wmv	623
06	15.wmv	685
07	13.wmv	381
11	17.wmv	403
15	08.wmv	431

图 4-34

6. 插入音频

1）在"项目"面板中，双击"疍家渔歌故事版旁白成品.mp3"音频素材，在源监视器面板中将其打开，如图4-35所示。

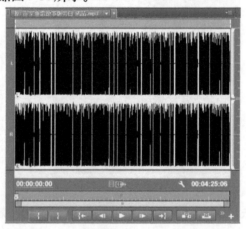

图 4-35

2）单击面板下方的"播放"按钮 ，对素材进行播放预览。在00:03:17:08处，单击"设置入点"按钮 ，设置素材的入点；在00:03:44:15处，单击"设置出点"按钮 ，设置素材的出点；然后单击"插入"按钮 ，将其添加到A1音轨中，如图4-36所示。

图 4-36

3）采用同样的方法，分别对其他音频素材设置入点、出点，如图4-37所示，并插入到轨道中。需要单独插入视频素材中的音频时，在源监视器面板中将其打开后，单击"仅拖动音频"按钮 ↔。

素材名称	入点时间	出点时间	插入至	所在音频轨
疍家渔歌故事版旁白 成品.mp3	00:03:17:08	00:03:44:15	00:00:04:01	A1
结尾 童声祝寿歌.mp3	00:00:32:23	00:00:54:05	00:00:32:18	A1
秋收田头对歌（曲）.wav	00:00:05:03	00:00:45:02	00:00:00:00	A2
19.wmv	00:00:11:13	00:00:16:07	00:00:53:06	A2

图 4-37

7. 制作字幕

1）选择"文件"→"新建"→"字幕"命令（或按<Ctrl+T>组合键），弹出"新建字幕"对话框，字幕名称命名为"上下黑条"，如图4-38所示。

2）单击"确定"按钮，弹出"字幕设计器"窗口，如图4-39所示。

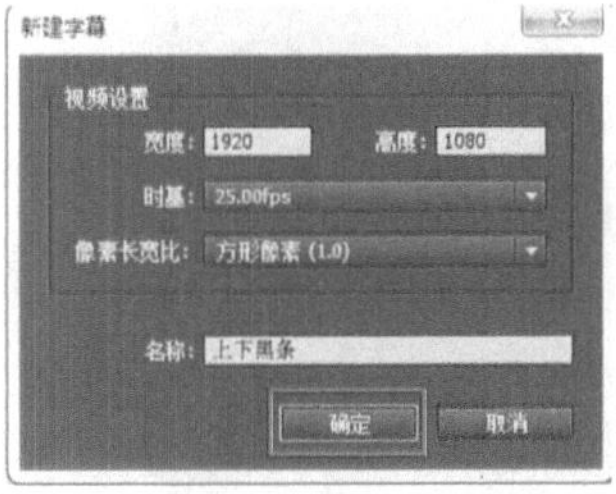

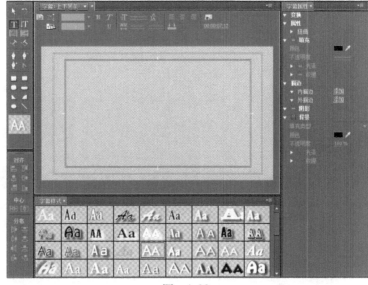

图 4-38　　　　　　　　　　　　　　　图 4-39

3）单击字幕工具面板中的"矩形工具"按钮 ▭，在画面中绘制两个矩形；参考图4-40，分别修改两个矩形的变换属性，并为其填充黑色（#000000），完成效果如图4-41所示。

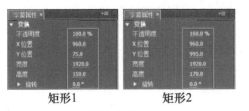

矩形1　　　　矩形2

图 4-40

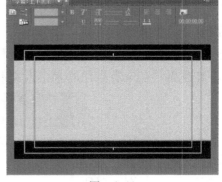

图 4-41

4）关闭字幕设计器，字幕素材将出现在"项目"面板中；继续新建一个名为"01"的字幕。

5）单击字幕工具面板中的"文字工具"按钮，然后在画面中单击，输入"正所谓"田庐渔户水城一国""，然后单击画面上方面板中的"本文居中"按钮。

6）在右侧字幕属性面板中，设置字体系列为Adobe 黑体 Std，字体大小为50，设置填充色为白色（#E5E5E5）；为其添加阴影（颜色为# 000000，不透明度为50%，角度为135.0°，距离为10，大小为0，扩展为30）。

7）设置字幕文字的位置，在"变换"属性下，设置"Y位置"的值为875.0，然后在"字幕设计器"窗口左下角的字幕动作面板中，单击"水平居中"按钮，如图4-42所示。

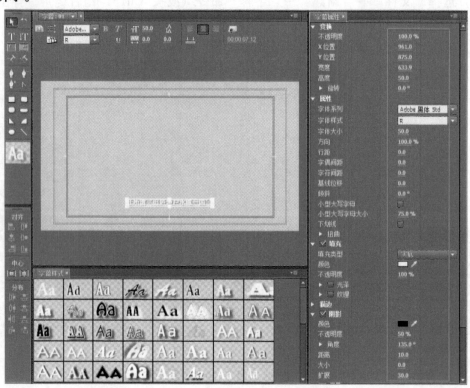

图 4-42

8）关闭"字幕设计器"窗口，在"项目"面板中找到字幕素材"01"，对其单击鼠标右键，在弹出的快捷菜单中选择"复制"命令直接复制素材，将自动创建字幕"01副本"，将其重命名为"02.wmv"。

9）双击字幕素材"02"，在"字幕设计器"窗口中将其打开，双击画面中的文字，将其改为"在珠海居住的水上人家有近20万"，如图4-43所示。

在珠海居住的水上人家有近20万

图 4-43

10）关闭"字幕设计器"窗口，然后采用同样的方法，根据图4-44，分别创建字幕素材03～07，如图4-45所示。

字幕名称	文字内容
01	正所谓"田庐渔户水城一国"
02	在珠海居住的水上人家有近20万
03	成为研究疍家渔歌发展最宝贵的"活化石"之地
04	每逢农忙收获
05	村民常会搭起歌台
06	如逢老者寿宴
07	沙田民歌更是一个不可缺少的祝福环节

图　4-44

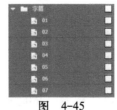

图　4-45

11）继续新建一个名为"08"的字幕。

12）单击字幕工具面板中的"文字工具"按钮 T，然后在画面中单击，输入"祝你寿比似南山"，然后单击画面上方面板中的"本文居中"按钮 。

13）在右侧字幕属性面板中，设置字体系列为"书体坊米蒂体"，字体大小为100，设置填充色为土黄色（#DFB100）；为其添加"阴影"（颜色为# 000000，不透明度为50%，角度为135.0°，距离为10，大小为0，扩展为30）。

14）设置字幕文字的位置，在"变换"属性下，设置"Y位置"的值为858.0，然后在"字幕设计器"窗口左下角的字幕动作面板中，单击"水平居中"按钮 ，如图4-46所示。

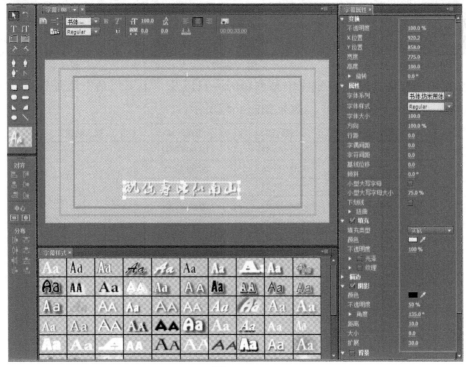

图　4-46

15）关闭"字幕设计器"窗口，复制字幕素材"08"并修改文字，根据图4-47，分别创建字幕素材09~11。

字幕名称	文字内容
08	祝你寿比似南山
09	开心快乐在人间
10	四季如春花灿烂
11	祝你黑发又康安

图 4-47

8. 合成素材序列

1）选择"序列"→"添加轨道"命令（或按<Ctrl+T>组合键），弹出"添加轨道"对话框，其"添加"项设置为"2个视频轨道"，"放置"项设置为"视频1之后"，如图4-48所示。

2）单击"确定"按钮，在序列"祝寿"的时间轴面板中，将当前时间指针置于00:00:04:02处。

3）在项目面板中找到字幕素材"01"，将其拖放到时间轴面板的V2轨道上，并令其入点与当前时间指针对齐，如图4-49所示。

4）将当前时间指针置于00:00:08:02处，移动到字幕出点变为◄时，将其拖动至当前时间指针处对齐，如图4-50所示。

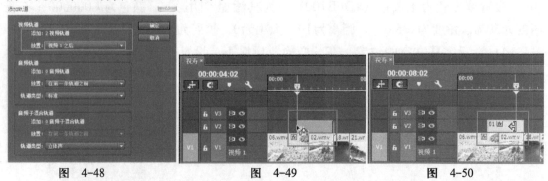

图 4-48   图 4-49   图 4-50

5）采用同样的方法，分别将字幕素材02~11以及"上下黑条"添加到序列中，并设置入点和出点（见图4-51）。效果如图4-52所示。

字幕名称	入点时间	出点时间	插入轨道
01	00:00:04:02	00:00:08:02	
02	00:00:08:16	00:00:12:10	
03	00:00:12:22	00:00:17:13	
04	00:00:18:08	00:00:20:09	
05	00:00:20:09	00:00:24:04	
06	00:00:24:04	00:00:26:23	V2
07	00:00:26:23	00:00:31:10	
08	00:00:32:19	00:00:37:09	
09	00:00:37:17	00:00:42:22	
10	00:00:43:10	00:00:48:05	
11	00:00:48:10	00:00:53:23	
上下黑条	00:00:00:00	00:00:58:13	V3

图 4-51

图　4-52

6）在"效果"面板中选择"视频过渡"→"溶解"命令，将其下的"渐隐为黑色"拖放至时间轴面板中素材片段"06.wmv"的入点处，如图4-53所示。

7）双击时间轴面板中素材片段"06.wmv"入点处的"渐隐为黑色"效果，弹出"设置过渡持续时间"对话框，修改持续时间的值为00:00:02:22，如图4-54所示，单击"确定"按钮。

图　4-53

图　4-54

8）在"效果"面板中选择"视频过渡"→"溶解"选项，将其下的"交叉溶解"拖放至时间轴面板中素材片段"02.wmv"的入点处。

9）选择"窗口"→"效果控件"命令，打开"效果控件"面板，然后在时间轴面板中单击所添加的"交叉溶解"效果，在"效果控件"面板中将其打开。

10）在"效果控件"面板中，将鼠标指针移动到"交叉溶解"效果块上变为🔁时，将其向前拖动，令其居中于素材片段"06.wmv"与"02.wmv"之间，如图4-55所示。

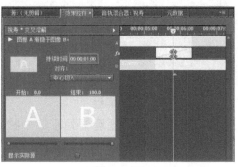

图　4-55

11）在"效果"面板中展开"音频过渡"→"交叉淡化"选项，将其下的"指数淡化"拖放至时间轴面板中音频素材"秋收田头对歌（曲）.wav"的出点处。

12）双击时间轴面板中所添加的"指数淡化"效果，弹出"设置过渡持续时间"对话框，修改持续时间的值为00:00:07:00，单击"确定"按钮。

13）采用同样的方法，在音频素材"19.wmv"的出点添加"指数淡化"效果，并设置持续时间为00:00:04:02，如图4-56所示。

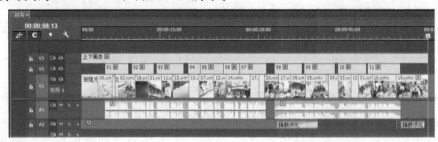

图 4-56

9．输出影片

1）在序列"祝寿"的时间轴面板的任意位置单击以激活面板。

2）选择"文件"→"导出"→"媒体"命令（或按<Ctrl+M>组合键），弹出"导出设置"对话框，修改格式为MPEG2，预设设置为HD 1080p 25，单击"输出名称"的值，设置影片的保存路径及文件名，如图4-57所示。

图 4-57

3）确认"导出视频"和"导出音频"复选框处于选中状态，单击"导出"按钮开始影片的渲染输出。

10．项目审核和交接

1）本项目由工作室成员完成后，交由工作室主管审核。

2）经过主管审核后，需修改的部分进行首次修改。

3）再由主管交付至客户审核，根据客户的意见，工作室成员进行二次修改。

4）一般经过两到三次的修改后，最终完成项目的审核和交接。

请读者利用本书配套资源中的"Chap4.2 祝寿/项目拓展"文件夹内的文件进行祝寿画面老电影效果制作。

制作要求：

1）从字幕"如逢老者寿宴 婚娶"开始的画面，添加"染色"效果，如图4-58所示。

2）调整染色特效参数，将黑色映射到"深棕色"，数值为R=32、G=19、B=6，将白色映射到"淡黄色"，数值为R=244、G=225、B=204，着色数值为70%，读者也可以根据自己的感觉调整相关的数值，如图4-59所示。

3）复制染色特效，并粘贴到其他视频片段，最终效果如图4-60所示。

图 4-58　　　　　　　　　　　　图 4-59

图 4-60

4）导出视频。

■ 项目评价

在本项目中，学习使用了Premiere软件处理微电影项目，选取祝寿片段来了解微电影制作流程，以及Premiere软件基本知识点的掌握。通过本项目的学习，做一个项目评价和自我评价，见表4-4。

表4-4　项目评价和自我评价

微电影《祝寿片段》	很满意	较满意	有待改进	不满意
项目设计的评价				
项目的完成情况				
知识点的掌握情况				
与本组成员协作情况				
客户对项目的评价				
自我评价				

微电影制作及新闻采访制作篇

项目3 《疍家渔歌》片尾 <<<

■ 项目情境

　　微电影的第3篇章需要表达沙田民歌的特色和韵律，此段主要以打渔清唱、劳作对歌、祝寿、演出几个小故事为叙述线穿插进行，以黄华欢老师等非遗工作者及本地疍民采访为旁评，介绍疍家渔歌的特点：对偶、随性发挥、题材广泛。

　　梁导根据沙田民歌协会对第3篇章中传承的片段要求编写了相关的文学剧本，如下：

　　原生态的民歌，是一切音乐的源头，与时俱进的特质，在生活形态激烈巨变的今天，她是得以传承发展的依靠。从中国音乐传承的角度来说，旋律优美、内容广泛、随兴发挥的疍家渔歌填补了中国民歌文化的空白，是现今不可多得的瑰宝。如果您有空闲，记得一定要来珠海斗门感受这千年传承的疍家渔歌。

　　根据整片风格，最后左边出现水上人家的视频画面，右边出现滚动字幕报幕。第3篇章场景见表4-5。

表4-5　第3篇章场景

视频解说词	画面主体	背景音乐（演唱者）	场地（演员）
从中国音乐传承的角度来说 旋律优美 内容广泛 随兴发挥的疍家渔歌 填补了中国民歌文化的空白 是现今不可多得的瑰宝 如果您有空闲 记得一定要来珠海斗门 感受这千年传承的疍家渔歌	青年男女和几个老人在树下畅谈，老人唱起沙田歌	《秋收田头对歌》（郭幸福和协会会员清唱）	莲洲浦益村 老人、儿童
左边静态字幕： 著名水乡 珠海斗门 右边滚动字幕： 演员表、友情演出、工作人员、主题音乐、联合出品、友情支持和特别鸣谢	水上人家	《珍惜学习好时光》（童声合唱）	莲洲浦益村

　　梁导将此工作指派给工作室两个部门。先由摄制组前往莲洲浦益村拍摄了一组青年男女和几个老人在树下畅谈、老人唱起沙田歌的画面，再由影视后期组负责旁白录制、视频素材和音乐素材的整理，并剪辑合成视频。此工作由水晶印象校企工作室制作，交由水晶印象文化传播有限公司初审，最后交由沙田民歌协会终审。

◆ 项目分析

　　本项目以青年男女和几个老人在树下畅谈，老人唱起沙田歌为画面主体，影视后期组根据梁导提供的解说词和摄制组提供的视频素材、背景音乐等进行整理。梁导要求以解说词为剪辑主线，时长为分秒左右。时序以"树下畅谈→老人唱歌→滚动字幕搭配水乡风情"为剪辑顺序。影视后期组根据梁导的要求进行《疍家渔歌》片尾的影视剪辑创作。本视频素材背景为青年男女和几个老人在树下畅谈，老人唱起沙田歌以及水乡风情的片段。要求对提供的视频素材根据样片进行排序，重在通过学习Premiere添加字幕、旁白、歌词、背景音乐。本项目要求学生根据整片风格，为《疍家渔歌》微电影制作片尾部分，片尾中出现字幕、相关视频画面以及背景音乐，片尾字幕使用垂直滚动特效。

项目最终效果图如图4-61所示。

图　4-61

◆ **必备知识**

在制作本项目之前，必须具备以下知识：了解视频剪辑分镜头知识，在Premiere中导入视频素材、音频素材，添加对白字幕以及滚动字幕的使用方法。

◆ **项目实施**

1．新建项目和序列

1）启动Premiere软件，单击"新建项目"按钮，打开"新建项目"对话框，如图4-62所示。

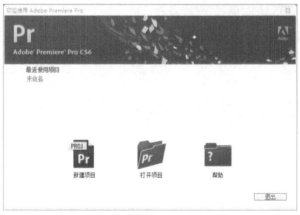

图　4-62

2）在"新建项目"对话框中，单击"浏览"按钮，设置项目存储位置。修改项目名称为"《疍家渔歌》片尾"，单击"确定"按钮，如图4-63所示。

图 4-63

3）单击"确定"按钮后，系统自动跳转到"新建序列"对话框。在对话框中展开"序列预设"→"AVC-Intra"→"1080p"→"AVC-I 100 1080p25"选项，修改"序列名称"为"疍家渔歌片头"，单击"确定"按钮后进入Premiere工作界面，如图4-64所示。

图 4-64

2．导入素材

1）在界面左下角的"项目"调板中，在空白处单击鼠标右键，在弹出的快捷菜单中选择"新建文件夹"命令,并为其重命名为"视频素材"。

2) 在"项目"调板空白处双击,选择本书配套资源中的"Chap4.3片尾\素材\1.avi～21.avi"视频素材,并把素材拖放至"视频素材"文件夹内。

3) 使用同样的方法创建"音频素材"导入所有音频素材,如图4-65所示。

3. 组接素材

1) 新建序列。单击"项目"调板中的"新建分类"按钮🗂,选择"序列"重命名序列名称为"片尾",单击"确定"按钮完成。

图 4-65

小提示

创建序列的其他方法:

① 在"项目"调板空白处单击鼠标右键,在弹出的快捷菜单中选择"新建分类"→"序列"命令。

② 选择"文件"→"新建"→"序列"命令。

③ 按<Ctrl+N>组合键

2) 在"项目"调板中,双击"1.avi"视频素材,在"源监视器(Source Monitor)"调板中将其打开,如图4-66所示。

图 4-66

3) 单击"调板"下方的"播放"按钮▶,对素材进行播放预览。在"00:00:08:00"处,单击"源监视器"右下方的"按钮编辑器" ,然后找到"设置入点"按钮 ,设置素材的入点;在"00:00:14:03"处,单击"设置出点"按钮 ,设置素材的出点,如图4-67所示。

单击"插入"按钮 ,将其添加到序列中,如图4-68所示。

图　4-67

图　4-68

商业规范

图片素材从互联网上下载，下载的图片上出现网页地址和Logo，但因商业播出的要求，一要防止出现侵权事宜，二要免除做广告的嫌疑，需进行图片处理，即将网页地址和Logo擦除。

4）采用同样的方法，分别对其他素材片段进行入点、出点的设置（可参考表4-6所示），并添加到序列"视频轨道1"中，如图4-69所示。

表4-6　入点、出点的设置

镜号	素材名称	入点	出点	镜号	素材名称	入点	出点
1	1.avi	00:00:08:00	00:00:14:03	12	12.avi	00:00:03:23	00:00:10:23
2	2.avi	00:00:09:00	00:00:10:20	13	21.avi	00:00:00:00	00:00:04:21
3	3.avi	00:00:09:07	00:00:11:22	14	13.avi	00:00:00:00	00:00:04:22
4	4.avi	00:00:00:00	00:00:03:07	15	14.avi	00:00:06:00	00:00:10:19
5	5.avi	00:00:04:16	00:00:06:24	16	15.avi	00:00:00:00	00:00:04:19
6	20.avi	00:00:00:21	00:00:02:18	17	16.avi	00:00:00:00	00:00:04:15
7	6.avi	00:00:00:00	00:00:01:22	18	17.avi	00:00:00:00	00:00:04:17
8	7.avi	00:00:00:00	00:00:03:08	19	18.avi	00:00:00:00	00:00:11:00
9	8.avi	00:00:05:00	00:00:09:08	20	19.avi	00:00:03:19	00:00:09:09
10	9.avi	00:00:03:04	00:00:06:20	21	20.avi	00:00:03:21	00:00:13:06
11	10.avi	00:00:02:21	00:00:10:15				

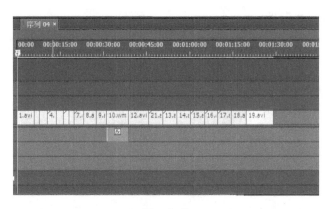

图 4-69

5）删除素材音频。注意在图4-71中，"10.wmb"素材与其他素材不同，所以带了音频，按住<Alt>键+选中在"音频轨道1"中的素材，然后按<Delete>键删除音频，如图4-70所示。

6）修改素材。从"素材10"开始到"素材19"进行修改，如图4-71所示。

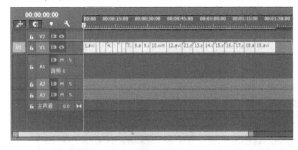

图 4-70

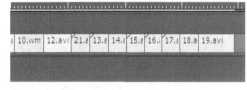

图 4-71

7）先选中在时间线上的素材"12.wmb"，然后找到控制面板，如图4-72所示。

图 4-72

8）打开"效果控件"→"视频效果"，进行调整，如图4-73所示。注意：要把

"等比缩放"前的勾选去掉。

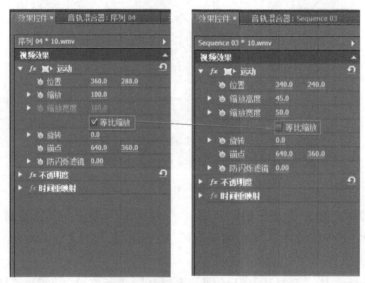

图 4-73

9）复制粘贴。选中"运动效果" $fx \, \blacksquare \blacktriangleright$ 运动 ，然后按<Ctrl+C>组合键复制后再在序列中选中"12.avi"素材并按<Ctrl+V>组合键粘贴，以此类推，选中其他素材依次粘贴，如图4-74所示。

图 4-74

4．添加字幕

1）添加字幕。选择"文件"→"新建"→"字幕"命令（或按<Ctrl+T>组合键），弹出"新建字幕"对话框，输入名称为"字幕1"，调出字幕调板，如图4-75所示。

2）输入片头文字并设置字体、字号。在绘制区域单击欲输入文字的开始点，出现闪动光标，输入文字"从中国音乐传承的角度来说"，字体为"微软雅黑"，字号为70，X轴位置为663.5，Y轴位置为604.1，如图4-76所示。

图 4-75

3）按照上面的方法设置"字幕2"的字体、字号、X轴、Y轴，与"字幕1"相同，如图4-77所示。

图　4-76

图　4-77

4）以此来做"字幕3""字幕4""字幕5""字幕6""字幕7"，把字幕拉到序列"视频轨道2"中，如图4-78所示。各字幕的入点、出点如图4-79所示。

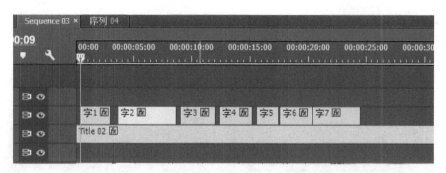

图 4-78

字幕	入点	出点	字幕4	00:00:12:09	00:00:15:03
字幕1	00:00:00:08	00:00:02:22	字幕5	00:00:15:14	00:00:17:09
字幕2	00:00:03:16	00:00:08:17	字幕6	00:00:17:15	00:00:20:08
字幕3	00:00:09:02	00:00:12:00	字幕7	00:00:20:13	00:00:24:13

图 4-79

5）制作黑边。选择"文件"→"新建"→"字幕"命令（或按<Ctrl+T>组合键），弹出"新建字幕"对话框，输入名称"上下黑边"调出字幕调板，如图4-80所示。找到字幕工具栏，选中长方形工具，如图4-81所示。

6）使用矩形工具在视频显示框中拉出一个长方形，XY轴位置为（657.7，13.5），宽度高度为（100.0，127.6），如图4-82所示。

7）用复制快捷键的方法（即按<Ctrl+C>组合键），在复制多一层黑边，其X轴位置为655，Y轴位置为688.9，高度为106.3，宽度为100.0，如图4-83所示。

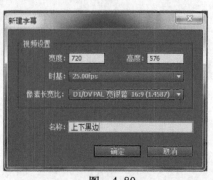

图 4-80

图 4-81

图 4-82

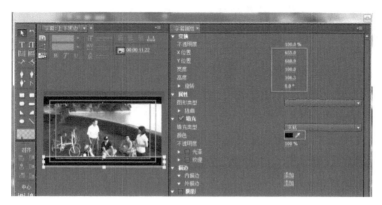

图 4-83

8）把"上下黑边"拉入"序列视频3"中，持续时间为从开头至视频结束。

9）简介文字。选择"文件"→"新建"→"字幕"命令（或按<Ctrl+T>组合键），弹出"新建字幕"对话框，输入名称为"简介文字"调出字幕调板。在窗口输入"著名乡水　珠海斗门"，字体为"Adobe黑体Std"，字体大小为46。X轴位置为100，Y轴位置为480.7，字体为白色，如图4-84所示。在时间线00:00:31:06处放入视频轨道中，持续时间至结束。

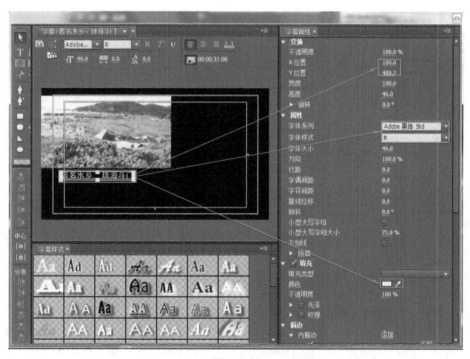

图 4-84

检查评价

　　水晶印象文化传播有限公司不定期会有专家来检查校企工作室工作进度。他们会督促工作进度，保证提高工作效率。专家们对本项目中的Premiere动画制作部分进行了三次检查，直至动画效果满意。

5．滚动字幕

1）制作滚动字幕。选择本书配套资源中的"Chap4.3片尾\素材\横向字幕.doc"Word文档，复制里面的字，选择"文件"→"新建"→"字幕"命令（或按<Ctrl+T>组合键），弹出"新建字幕"对话框，输入名称为"滚动字幕"调出字幕调板，如图4-85所示。

2）单击"文字工具" T在视频窗口按<Ctrl+V>组合键粘贴刚刚复制的"滚动字幕"，字体为黑体，X轴位置为100.0，Y轴位置为5002.0，字体大小为30，行距为26，颜色为白色，如图4-86所示。

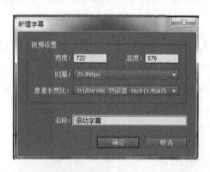

图　4-85

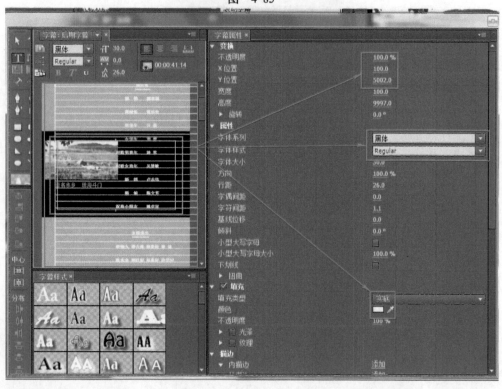

图　4-86

3）接下来为字幕添加滚动效果。保持文本不变找到在工具栏中的滚动选项。在"滚动/游动选项"对话框中把"开始于屏幕外"和"结束于屏幕外"前的勾选去掉，"缓入"设置为50，"缓出"设置为200，单击"确定"按钮，完成滚动，如图4-87所示。

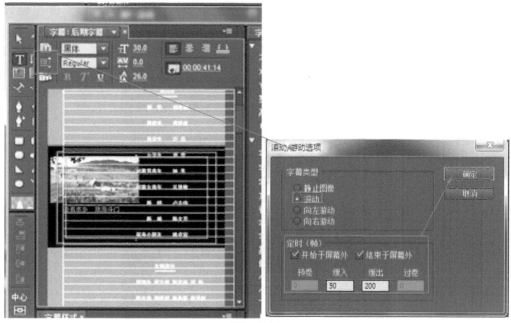

图 4-87

6. 为素材添加转场效果

1) 在"效果"调板中，展开"视频过渡"文件夹中的"溶解文件夹"，找到"交叉溶解"，如图4-88所示。

2) 为视频添加转场效果。将"交叉溶解"拖到"视频轨道1"中的"8.avi"素材上，如图4-89所示。

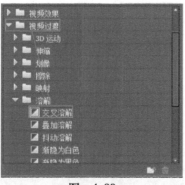

图 4-88

图 4-89

3）单击"视频轨道1（8.avi）"中的"交叉溶解"，在控制面板上调出特效调板。将特效调整至"7.avi"和"8.avi"之间，持续时间调成2s，"对齐"选为"中心切入"，如图4-90所示。

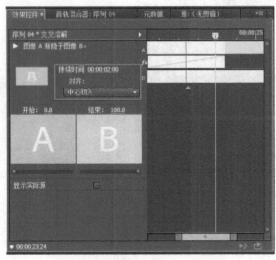

图 4-90

4）再在"特效"调板中，将"交叉溶解"分别拖动到"视频1轨道"中如下位置。

①"8.avi"与"9.avi"之间。②"9.avi"与"10.avi"之间。③"10.avi"与"12.avi"之间。④"12.avi"与"21.avi"之间。⑤"21.avi"与"13.avi"之间。⑥"13.avi"与"14.avi"之间。⑦"14.avi"与"15.avi"之间。⑧"15.avi"与"16.avi"之间。⑨"16.avi"与"17.avi"之间。⑩"17.avi"与"18.avi"之间。⑪"18.avi"与"19.avi"之间。

5）字幕转场。"简介1"开头与结尾，"滚动字幕"结尾，"上下黑边"结尾。

7. 添加音频素材

1）在控制面板中打开"疍家渔歌故事旁白"，在"00:03:59:09"处单击"入点"按钮，在"00:04:25:06"处单击 "出点"按钮，再单击"插入"按钮，如图4-91所示。

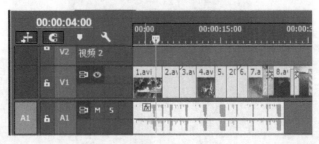

图 4-91

2）在控制面板中双击打开"秋收田头对歌"，在"00:01:39:00"处单击"入点"按钮，在"00:02:10:01"处单击"出点"按钮，再单击"插入"按钮。拖到"音频轨道2"中，如图4-92所示。

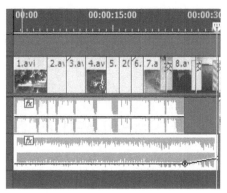

图　4-92

3）音频的淡进淡出。在控制面板中设置"秋收田头对歌"歌曲的音量，在"00:00:26:01"处设置级别为-19.1dB，在"00:00:26:01"处设置级别为-4.4dB，如图4-93所示。

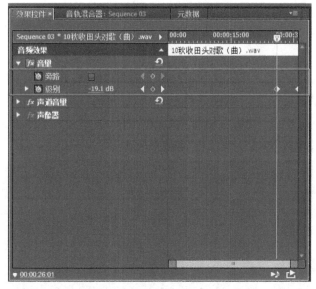

图　4-93

8. 渲染视频

1）导出设置。选择菜单栏中的"文件"→"导出"→"媒体"命令（或者按<Ctrl+M>组合键），跳转出"导出设置"对话框，一般可以选择默认的状态输出，格式为"Microsoft AVI"，预设为"PAL DV"，输出名称为"微电影片尾.avi"。

2）单击"队列"按钮，跳转至Adobe Media Encodr界面，单击"Start Queue（Return）"（开始渲染）按钮■，开始导出视频，输出完闭后，关闭窗口。

3）选择"文件"→"保存"命令，将项目文件进行保存。可按<Ctrl+S>组合键快速保存。

9. 项目审核和交接

1）本项目由工作室成员完成后，交由工作室主管审核。

微电影制作及新闻采访制作篇

— 205 —

2）经过主管审核后，对需修改的部分进行首次修改。

3）再由主管交付至客户审核，根据客户的意见，工作室成员进行二次修改。

4）一般经过两到三次的修改后，最终完成项目的审核和交接。

◆ 项目拓展

请读者利用本书配套资源中的"Chap4.3片尾/项目拓展"文件夹内的素材进行制作。

制作要求：

1）把在"00:00:31:09"处的"珍惜学习好时光"拖到"音频轨道1"中，与"19.avi"对齐位置，如图4-94所示。

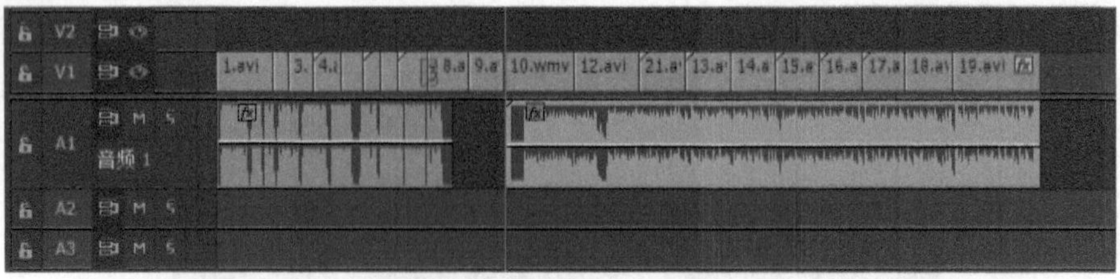

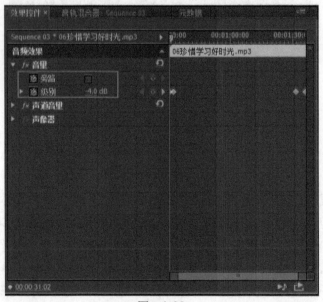

图　4-94

2）在项目中已经学习了"秋收田头对歌"歌曲的音量的控制，用同样的方法对音频轨道1中的"珍惜学习好时光"歌曲文件进行淡进淡出。在"00:00:31:02"处设置级别为－19.1dB，在"00:00:33:12"处设置级别为1.1dB，在"00:01:31:08"处设置级别为1.1dB，在"00:01:35:13"处设置级别为－30dB，如图4-95所示。

图　4-95

■ 项目评价

在本项目中，我们学习使用Premiere软件处理微电影视频文件，选取片尾的三个章节来有序了解微电影的制作流程。通过本项目的学习，做一个项目评价和自我评价，见表4-7。

表4-7　项目评价和自我评价

微电影《片尾》	很满意	较满意	有待改进	不满意
项目设计的评价				
项目的完成情况				
知识点的掌握情况				
与本组成员协作情况				
客户对项目的评价				
自我评价				

项目4　微电影新闻采访 <<<

■ 项目情境

莲花电视台得知水晶印象有限公司与桂花中学合作拍摄微电影《疍家渔歌》，想将此新闻点作为晚间新闻进行播报，播出时间为晚上8点。电视台张制片向水晶印象校企工作室梁导演提出了制作新闻的合作意向，水晶印象校企工作室也正好需要对微电影配套宣传。

梁导根据张制片的要求写了相关的新闻通讯稿，如下：

沙田民歌是斗门非物质文化遗产的重要组成部分，为了更好地传承这一文化遗产，近日，珠海理工职业技术学校组织老师和学生深入斗门地区调研沙田民歌的历史和现状，并着手将其拍摄成微电影。微电影的名称初定为"疍家渔歌"，拍摄制作工作则主要由理工学校美工部的校企工作室具体负责，该电影预计将于八月摄制完毕。

梁导根据电视台的播出要求，精选花絮片段，时长控制在2min以内。梁导将此工作指派给工作室两个部门。在微电影拍摄制作过程中，为配合宣传微电影，在电视台上进行新闻播报，由校园电视台小记者对参与微电影制作的演员、导演、老师、学生进行采访，由摄制组进行跟踪拍摄，由影视后期组进行视频剪辑。本项目由水晶印象校企工作室制作，交由水晶印象文化传播有限公司初审，最后交由莲花电视台编辑部终审。

◆ 项目分析

以微电影《新闻采访》为本次项目的主题，影视后期组负责新闻播报素材、花絮视频素材和音乐素材的整理，并剪辑合成播报新闻。梁导要求视频剪辑符合电视台晚间

微电影制作及新闻采访制作篇

新闻栏目的特色，剪辑主线为表现水晶印象有限公司与桂花中学合作拍摄微电影《疍家渔歌》，校企合作为学生提供一个与社会工作对接的实践平台。时长为2min以内，时序以晚间新闻主持人播报新闻梗概→微电影拍摄相关画面→学生采访→教师采访→播报结束这4个部分为剪辑顺序。影视后期组根据梁导的要求进行《新闻采访》的视频创作。因考虑到电视新闻的版权问题。

商业规范

　　电视台播报翻录为校园电视台新闻播报，前面的主持人播报和新闻片头为校园电视台主持人重新录制和重新制作。本视频中出现的人物均为参与制作本部微电影的制作人员，本素材请勿挪作他用。

　　项目最终效果图如图4-96所示。

图　4-96

◆ **必备知识**

　　在制作本项目之前，必须具备以下知识：了解视频剪辑分镜头知识，了解电视制式，在Premiere中导入视频素材、添加字幕条和字幕的方法。

◆ **项目实施**

　　1．新建项目和序列

　　1）启动Premiere软件，单击"新建项目"按钮，打开"新建项目"对话框，如图4-97所示。

2）在"新建项目"对话框中，单击"浏览"按钮，设置项目存储位置。修改项目名称为"《疍家渔歌》新闻采访"，单击"确定"按钮，如图4-98所示。

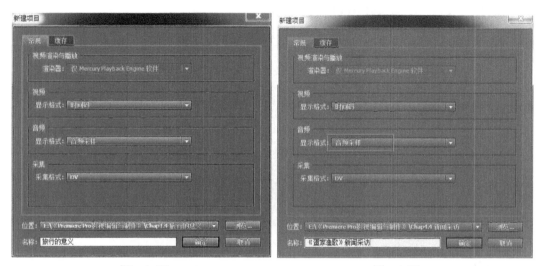

图 4-97　　　　　　　　　　　　　　　图 4-98

3）单击"确定"按钮后，系统自动跳转到"新建序列"对话框，在对话框中选择"DV-PAL"→"宽银幕48kHz"选项，修改序列名称为"校园电台"，单击"确定"按钮后进入Premiere工作界面，如图4-99所示。

图 4-99

2. 导入素材

1）在Premiere工作界面中单击"项目"窗口右下角文件夹的图标，创建一个文件夹并命名为"素材"，如图4-100所示。

图　4-100

2）选择本书配套资源中的"Chap4.4新闻采访\素材"文件夹中的所有文件并导入到素材库，如图4-101所示。素材项目如图4-102和图4-103所示。

图　4-101

图　4-102

图　4-103

可以在列表视图 中查看素材文件，也可以切换为图标视图，可更直观地查看素材文件。

<Ctrl+I>组合键是导入文件的快捷键。

3. 组接素材

1）先将"报幕.avi"片头素材拉入序列中，如图4-104所示。

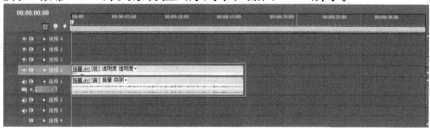

图 4-104

2）在项目栏中，双击素材文件夹中的"00286.avi"素材片段，在源监视器调板中将其打开，如图4-105所示。

图 4-105

3）单击调板下方的"播放"按钮 ，对素材进行播放预览。在00:00:00:03处，单击"设置入点"按钮 ，设置素材的入点在00:00:02:06处，单击"设置出点"按钮 ，设置素材的出点，如图4-106，图4-107所示。

图 4-106

图 4-107

微电影制作及新闻采访制作篇

4）单击"插入"按钮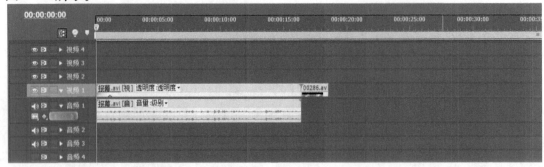，将其添加到序列中"报幕.avi"素材片段的后面，如图4-108所示。

图 4-108

5）在项目栏中，双击素材文件夹中的"02.avi"素材片段，在源监视器调板中将其打开，如图4-109所示。

6）单击调板下方的"播放"按钮，对素材进行播放预览。在00:00:00:00处，单击"设置入点"按钮，设置素材的入点；在00:00:02:08处，单击"设置出点"按钮，设置素材的出点，如图4-110所示。

图 4-109

图 4-110

7）单击"插入"按钮，将其添加到序列中"00286.avi"素材片段的后面。

8）采用同样的方法，分别对其他素材片段进行入点、出点的设置（可参考表4-8），并添加到序列中，如图4-111所示。

表4-8 入点、出点的设置

镜号	素材名称	入点	出点	镜号	素材名称	入点	出点
1	报幕.avi	00:00:00:00	00:00:16:10	9	08.avi	00:00:13:08	00:00:16:19
2	00286.avi	00:00:00:03	00:00:02:06	10	00267.avi	00:00:00:00	00:00:02:11
3	02.avi	00:00:00:00	00:00:02:08	11	10.avi	00:00:03:14	00:00:05:02
4	03收网.avi	00:00:27:19	00:00:33:05	12	MVI_2296.avi	00:00:00:24	00:00:03:05
5	MVI_0061.avi	00:00:00:00	00:00:02:00	13	采访 02.avi	00:00:00:09	00:00:10:03
6	MVI_0076.avi	00:00:00:03	00:00:02:10	14	老师采访.avi	00:00:01:19	00:00:19:09
7	MVI_0014.avi	00:00:00:00	00:00:02:07	15	13背影.avi	00:02:20:17	00:02:22:08
8	07.avi	00:00:58:12	00:01:00:00	16	报幕.avi	00:00:15:15	00:00:16:09

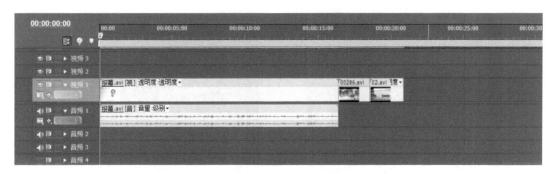

图 4-111

9）单击"02.avi"视频素材，打开特效控制台，展开运动选项，调整其缩放大小为130，如图4-112所示。

10）单击"03收网.avi"视频素材，打开特效控制台，展开运动选项，调整其缩放大小为132，如图4-113所示。

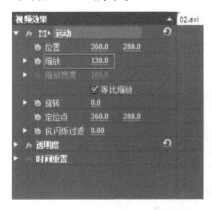

图 4-112

图 4-113

11）单击"07.avi"视频素材，打开特效控制台，展开运动选项，调整其缩放大小为130，如图4-114所示。

图 4-114

12）单击"08.avi"视频素材，打开特效控制台，展开运动选项，调整其缩放大小为131，如图4-115所示。

13）单击"10.avi"视频素材，打开特效控制台，展开运动选项，调整其缩放大小为130，如图4-116所示。

图 4-115

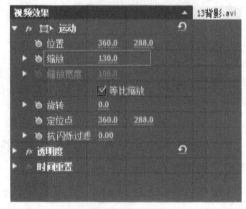

图 4-116

14）单击"13背景.avi"视频素材，打开特效控制台，展开运动选项，调整其缩放大小为130，如图4-117所示。素材出点入点设置可参考图4-118，将所有素材拖放至序列中，如图4-119所示。

图 4-117

镜号	素材名称	入点	出点	镜号	素材名称	入点	出点
1	报幕.avi	00:00:00:00	00:00:16:10	9	08.avi	00:00:13:08	00:00:16:19
2	00286.avi	00:00:00:03	00:00:02:06	10	00267.avi	00:00:00:00	00:00:02:11
3	02.avi	00:00:00:00	00:00:02:08	11	10.avi	00:00:03:14	00:00:05:02
4	03收网.avi	00:00:27:19	00:00:33:05	12	MVI_2296.avi	00:00:00:24	00:00:03:05
5	MVI_0061.avi	00:00:00:00	00:00:02:00	13	采访 02.avi	00:00:00:09	00:00:10:03
6	MVI_0076.avi	00:00:00:03	00:00:02:10	14	老师采访.avi	00:00:01:19	00:00:19:09
7	MVI_0014.avi	00:00:00:00	00:00:02:07	15	13背影.avi	00:02:20:17	00:02:22:08
8	07.avi	00:00:58:12	00:01:00:00	16	报幕.avi	00:00:15:15	00:00:16:09

图 4-118

第4单元

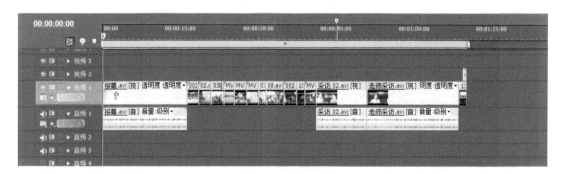

图　4-119

15）最后一个片段"报幕.avi"是放在视频2的轨道上，整段片头总时间为00:01:10:07，如图4-120所示。

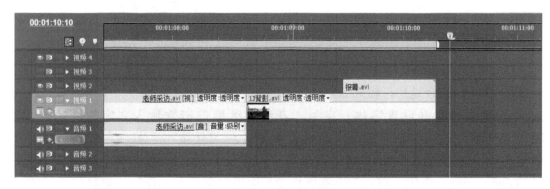

图　4-120

16）将"理工新闻.avi"和"报幕条.avi"拖动到片头序列中，分别放在时间指针00:00:16:10处，视频2轨道和视频7轨道中，调整"理工新闻.avi"的出点为00:01:08:16，"报幕条.avi"的出点为00:00:41:06，如图4-121所示。

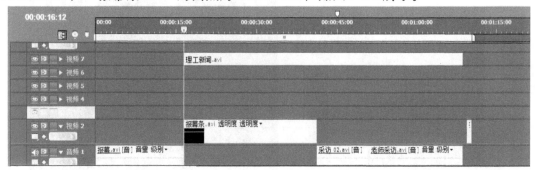

图　4-121

17）调整"理工新闻.avi"和"报幕条.avi"这两个素材片段的大小及位置，单击"理工新闻.avi"，打开特效控制台，调整其位置的数值为"70，519"以及缩放的数值为17，如图4-122所示。

18）修改"报幕条.avi"位置的数值为"364，392"以及缩放的数值为38，如图4-123所示。

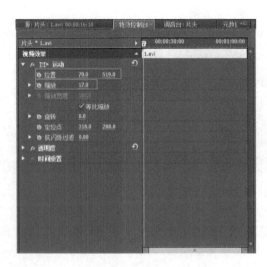
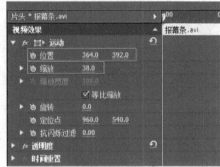

图 4-122　　　　　　　　　　　　　　图 4-123

4. 制作字幕

1）将当前时间指针置于00:00:41:06处，选择"文件"→"新建"→"字幕"命令（或按<Ctrl+I>组合键），输入名称"字幕01"，如图4-124所示。

2）输入字幕并设置字体、字号。在绘制区域单击欲输入文字的开始点，出现闪动光标，输入字幕"我最大的感受就是比学习还要辛苦好多"，输入完毕后单击左侧"选择工具"按钮![button]结束输入。保持文本选择状态，在字体列表中选择"STZhongsong"字体。在右侧字幕属性调板中设置字体大小为25，调整其X、Y轴数值为"370.8，541.3"，如图4-125所示。

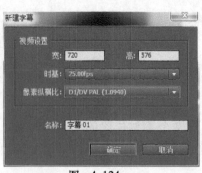
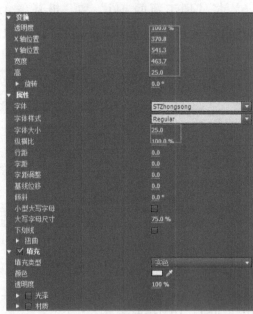

图 4-124　　　　　　　　　　　　　　图 4-125

3）将当前时间指针置于00:00:46:02处，选择"文件"→"新建"→"字幕"命令（或按<Ctrl+I>组合键），输入名称为"字幕2"，如图4-126所示。

第4单元

图 4-126

4）输入字幕"但是我学到了很多课堂上学习不到的东西"，输入完毕后单击左侧"字幕工具调板"中的"选择工具"按钮，结束输入。保持文本选择状态，在字体列表中选择"STZhongsong"字体。在右侧字幕属性调板中设置字体大小为25，调整其X、Y轴数值为"388.4，541.4"，如图4-127所示。

5）将当前时间指针置于00:00:51:02处，选择"文件"→"新建"→"字幕"命令（或按<Ctrl+T>组合键），输入名称为"字幕3"，如图4-128所示。

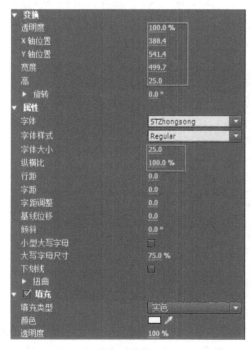

图 4-127

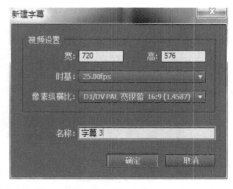

图 4-128

6）输入字幕"我从微电影拍摄过程体现到导演的辛苦"，输入完毕后单击左侧"字幕工具调板"中的"选择工具"按钮，结束输入。保持文本选择状态，在字体列表中选择"STZhongsong"字体。在右侧字幕属性调板中设置字体大小为25，调整其X、Y轴数值为"374.9，542.4"，如图4-129所示。

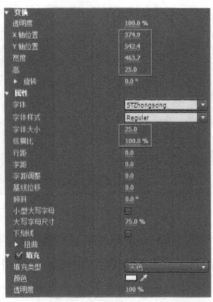

图 4-129

7）将当前时间指针置于00:00:57:14处，新建"字幕4"并输入"从村民眼神中体会到他们对疍家渔歌的喜爱"，输入完毕后单击左侧"字幕工具调板"中的"选择工具"按钮结束输入。保持文本选择状态，在字体列表中选择"STZhongsong"字体。在右侧字幕属性调板中设置字体大小为25，调整其X、Y轴数值为"396.2，541.6"，如图4-130所示。

图 4-130

8）将当前时间指针置于00:01:05:10处，新建"字幕5"并输入"希望更多的人能够参与到当中来"，输入完毕后单击左侧"字幕工具调板"中的"选择工具"按钮结束输入。保持文本选择状态，在字体列表中选择"STZhongsong"字体。在右侧字幕属性调板中设置字体大小为25，调整其X、Y轴数值为"351.3，541"，如图4-131所示。

9）将当前时间指针置于00:00:41:06处，新建"字幕6"并输入"市理工职业技术学校学生"，输入完毕后单击左侧"字幕工具调板"中的"选择工具"按钮结束输入。保持文本选择状态，在字体列表中选择"STZhongsong"字体。在右侧字幕属性调板中设置字体大小为23，调整其X、Y轴数值为"304.9，507.5"，宽度值设置为287.1，高度值设置为23，纵横比设置为102.9%，字距调整设置为1.1，如图4-132所示。

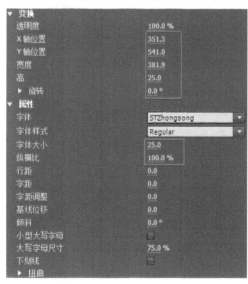
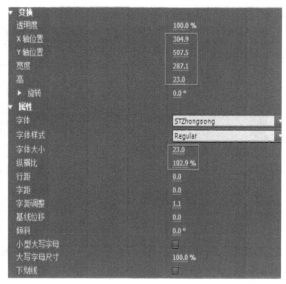

图 4-131   图 4-132

10）将当前时间指针置于00:00:51:02处，新建"字幕7"并输入"市理工职业技术学校老师"，输入完毕后单击左侧"字幕工具调板"中的"选择工具"按钮结束输入。保持文本选择状态，在字体列表中选择"STZhongsong"字体。在右侧字幕属性调板中设置字体大小为23，整其X、Y轴数值为"304.9，507.5"，宽度为287.1，高度为23，纵横比102.9%，字距调整为1.1，如图4-133所示。

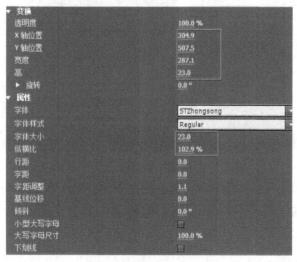

图 4-133

5. 处理字幕

将"字幕1"拖动到视频6轨道，入点为00:00:41:07，调整出点为00:00:46:02。将"字幕2"拖动到视频6轨道，入点为00:00:46:02，调整出点为00:00:51:02。将"字幕3"拖动到视频6轨道，入点为00:00:51:02，调整出点为00:00:57:14。将"字幕4"拖动到视频6轨道，入点为00:00:57:14，调整出点为00:01:05:10。将"字幕5"调整到视频6

轨道，入点为00:01:05:10，调整出点为00:01:08:16。将"字幕6"拖动到视频5轨道，入点为00:00:41:06，调整出点为00:00:51:02。将"字幕7"拖动到视频5轨道，入点为00:00:51:02，调整出点为00:01:08:16，如图4-134所示。

图 4-134

6. 制作红色字幕板

1）选择"文件"→"新建"→"字幕"命令（或按<Ctrl+T>组合键），输入字幕名称为"字幕板"，进入字幕编辑栏，用"矩形工具"绘制一个矩形，如图4-135所示。

2）对绘制出来的矩形进行属性设置，X轴与Y轴位置为"389.2，507"，宽为511.2，高为33，填充为红色，编号为FF0000（不添加描边以及阴影效果，若系统自行添加请一律取消掉），如图4-136所示。

图 4-135

图 4-136

3）将"字幕板"拖动到视频4轨道中，调整其入点为00:00:41:06，出点为00:00:51:02。再拖动一次"字幕板"到视频4轨道中，位于第一个"字幕板"的后方，设置其入点为00:00:51:02，出点为00:01:08:16，如图4-137所示。

图 4-137

4）在项目栏中拖动"字幕条.avi"素材到视频3轨道中并设定其入点为00:00:41:06，出点为00:01:08:16，如图4-138所示。打开"字幕条.avi"的特效控制台，编辑其缩放高度为30，缩放宽度为33（勾选了等比缩放请将其取消），并编辑其位置为"362.0，431"。此时"字幕条.avi"周围是被一个黑色矩形包围了，需要将它抠除，在项目栏下方有个效果栏，单击"视频特效"→"键控"→"亮度键"命令，将阈值调为20，如图4-139所示。

添加"亮度键"的前、后效果如图4-140所示。

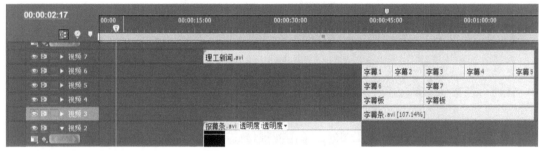

图　4-138

图　4-139

添加"亮度键"效果前　　　　　　　　添加"亮度键"效果后

图　4-140

7. 添加转场效果

1）将时间指针置于00:00:00:00处，单击视频1轨道中的"报幕.avi"添加转场特

微电影制作及新闻采访制作篇

效，即"交叉叠化"特效（或按<Ctrl+D>组合键）将其加入素材中，调整其持续时间为00:00:00:15，然后将时间指针置于00:00:16:10处添加转场特效，即"交叉叠化"特效，持续时间为00:00:00:15，如图4-141所示。

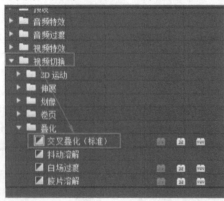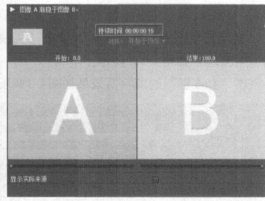

图 4-141

2）将时间指针置于00:00:41:06处，单击视频1轨道中的"MVI_2296.avi"添加转场特效，即"交叉叠化"特效（或按<Ctrl+D>组合键），调整其持续时间为15s，如图4-142所示。

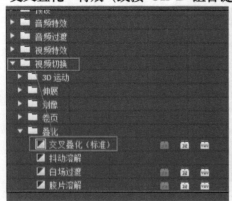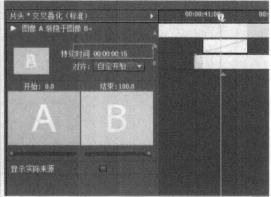

图 4-142

3）将时间指针置于00:01:09:12处，单击视频2轨道中的"报幕.avi"添加转场特效，即"交叉叠化"特效（或按<Ctrl+D>组合键）调整其持续时间为00:00:00:06，如图4-143所示。

图 4-143

4）将时间指针置于00:00:51:02处，单击视频4轨道并在"字幕板"与"字幕板"之间添加转场特效，即"交叉叠化"特效（或按<Ctrl+D>组合键），调整其持续时间为00:00:00:15，如图4-144所示。

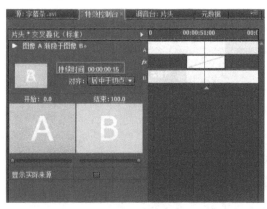

图 4-144

5）将时间指针置于00:00:51:02处，在效果栏里选择"视频切换"→"伸展"→"交叉伸展"命令，将此特效添加到"字幕6"与"字幕7"之间，并调整其持续时间为00:00:00:15，如图4-145所示。

图 4-145

6）将时间指针置于00:00:51:00处，单击视频1轨道，在"采访 02.avi"与"老师采访.avi"片段之间添加转场特效，即"交叉叠化"特效（或按<Ctrl+D>组合键），并调整其持续时间为00:00:00:15，如图4-146所示。

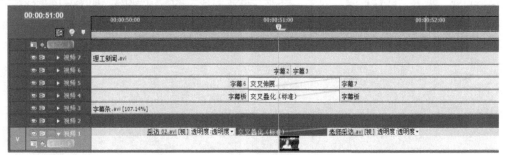

图 4-146

8. 制作字幕特效

1）将时间指针置于00:00:41:06，在效果栏里选择"视频特效"→"过渡"→"线性擦除"命令，将此特效添加到"字幕1""字幕6"上，并展开"线性擦除"效果，如图4-147所示。通过单击"过渡完成"左边的"关键帧"按钮🔘修改其值数为100%，修改"擦除角度"为-90°。再将时间指针置于00:00:42:06处，展开"线性擦除"效果，修改"过渡完成"的数值为0%（此特效操作都应用在"字幕1""字幕6"上），如图4-148所示。

图 4-147

图 4-148

2）将时间指针置于00:00:46:01，在效果栏里选择"视频特效"→"过渡"→"线性擦除"命令，将此特效添加到"字幕2"上，并展开"线性擦除"效果，通过单击"过渡完成"左边的"关键帧"按钮🔘修改其值数为100%，修改"擦除角度"为-90。再将时间指针置于00:00:46:13处，展开"线性擦除"效果，修改"过渡完成"的数值为0%，如图4-149所示。

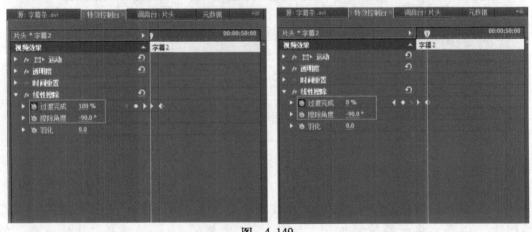

图 4-149

3）将时间指针置于00:00:51:02处，在效果栏里选择"视频特效"→"过渡"→"线性擦除"命令，将此特效添加到"字幕3""字幕7"上，并展开"线性擦除"效果，通过单击"过渡完成"左边的"关键帧"按钮🔘修改其值数为100%，修改"擦除角度"为-90°。再将时间指针置于00:00:52:16处，展开"线性擦除"效果，修改"过渡完成"的数值为0%（此特效操作都应用在"字幕3""字幕7"中完成），如图4-150所示。

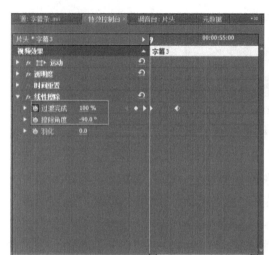

图　4-150

4）将时间指针置于00:00:57:14，在效果栏里选择"视频特效"→"过渡"→"线性擦除"命令，将此特效添加到"字幕4"上，并展开"线性擦除"效果，通过单击"过渡完成"左边的"关键帧"按钮🔘修改其值数为100%，修改"擦除角度"为-90°。再将时间指针置于00:00:58:16处，展开"线性擦除"效果，修改"过渡完成"数值为0%，如图4-151所示。

图　4-151

5）将时间指针置于00:01:05:10，在效果栏里选择"视频特效"→"过渡"→"线性擦除"命令，将此特效添加到"字幕5"上，并展开"线性擦除"效果，通过单击"过渡完成"左边的"关键帧"按钮🔘修改其值数为100%，修改"擦除角度"为-90°。再将时间指针置于00:01:06:02处，展开"线性擦除"效果，修改"过渡完成"的数值为0%，如图4-152所示。

图 4-152

6）将时间指针置于00:00:41:06，在效果栏里选择"视频特效"→"过渡"→"线性擦除"命令，将此特效添加到"字幕板"上，并展开"线性擦除"效果，通过单击"过渡完成"左边的"关键帧"按钮🕐修改其值数为100%，修改"擦除角度"为-90°。再将时间指针置于00:00:41:17处，展开"线性擦除"效果，修改"过渡完成"的数值为40%，修改羽化值为145。设置如图4-153所示。

7）将时间指针置于00:00:51:02，在效果栏里选择"视频特效"→"过渡"→"线性擦除"命令，将此特效添加到"字幕板"上，并展开"线性擦除"效果，通过单击"过渡完成"左边的"关键帧"按钮🕐修改其值数为100%，修改"擦除角度"为-90°。再将时间指针置于00:00:51:23处，展开"线性擦除"效果，修改"过渡完成"的数值为40%，修改羽化值为145，如图4-153所示。

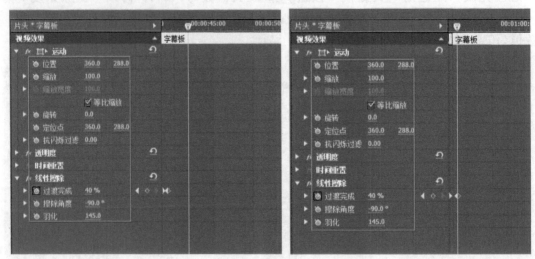

图 4-153

9.添加音效

将时间指针置于00:00:16:10，把"配音.wav"音频素材拖入音频1轨道中即可，如图4-154所示。

图 4-154

10．视频调色

1）将时间指针置于00:00:16:10处，单击"00286.avi"视频素材，在效果栏里选择"视频特效"→"色彩校正"→"色彩均化"命令，将其添加到视频中。展开"色彩均化"效果，单击"色调均化"左边的下拉按钮 ▼ ，选择RGB模式并修改下方的"色调均化量"为30%，如图4-155所示。

图 4-155

2）将时间指针置于00:00:31:13处，单击"08.avi"视频素材，在效果栏里选择"视频特效"→"色彩校正"→"色彩平衡"命令，将其添加到视频中，并修改其"明度"为3，"饱和度"为10，如图4-156所示。

图 4-156

3）将时间指针置于00:00:35:00处，单击"00267.avi"视频素材，在效果栏里选择"视频特效"→"色彩校正"→"色彩平衡"命令，将其添加到视频中，并修改其"饱和度"为7，如图4-157所示。

图 4-157

11. 渲染视频

导出设置，选择"文件"→"导出"→"媒体"命令（或按<Ctrl+M>组合键），跳转出"导出设置"对话框，一般可以选择默认的状态输出。格式为Microsoft AVI，预设为PAL DV，输出名称为"校园电台新闻采访.avi"，如图4-158所示。

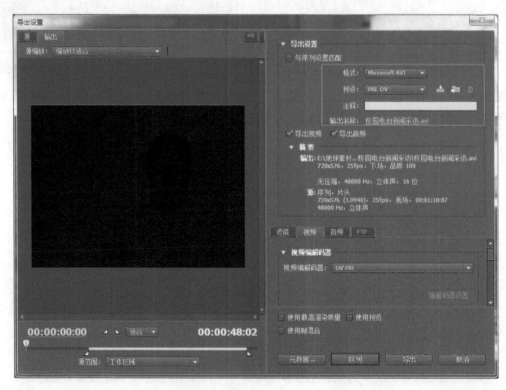

图 4-158

Premiere视频输出格式一般默认格式为"Microsoft AVI"，预设为"PAL DV 宽银幕"，AVI格式虽然质量高，但输出文件过大，如本项目最终渲染输出大小为140MB，不易传输和转换。目前市面多用高清格式为MPEG2，预设为HDTV 720p 25，最终渲染输出大小为48MB的视频输出格式，也能满足一般用户要求。

保存项目可按<Ctrl+S>组合键快速保存。

12. 项目审核和交接

1）本项目由工作室成员完成后，交由工作室主管审核。

2）经过主管审核后，对需修改的部分进行首次修改。

3）再由主管交付至客户审核，根据客户的意见，工作室成员进行二次修改。

4）一般经过两到三次的修改后，最终完成项目的审核和交接。

◆ **项目拓展**

请读者利用本书配套资源中的"Chap4.4 新闻采访/项目拓展"文件夹内的素材进行导演采访制作，如图4-159所示。

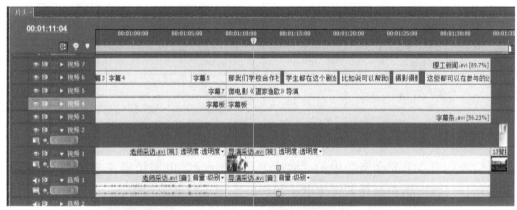

图 4-159

微电影制作及新闻采访制作篇

制作要求：

1）导入"导演采访"视频，截取一段代表性的画面，时间控制在5s之内。

2）将截取后的视频拖曳至"13背影.avi"视频前。

3）延长"理工新闻""字幕板"和"字幕条"三个画面至导演采访结束。

4）添加字幕"微电影《疍家渔歌》导演"到视频5轨道，并延长至采访结束。

5）根据素材文件夹提供的对白文稿，添加字幕导演采访片段的对白，建议分段输入，听视频完成文字的录入。

6）导出视频。

■ 项目评价

在本项目中，学习使用Premiere软件处理新闻采访视频文件，并结合了AE片头视频的使用。通过本项目的学习，做一个项目评价和自我评价，见表4-9。

表4-9　项目评价与自我评价

微电影《新闻采访》	很满意	较满意	有待改进	不满意
项目设计的评价				
项目的完成情况				
知识点的掌握情况				
与本组成员协作情况				
客户对项目的评价				
自我评价				

■ 实战强化

请读者利用本书配套资源中的"实战强化\Chap04微电影拍摄花絮宣传"文件夹内的素材制作《微电影拍摄花絮宣传电子相册》，用于微电影宣传。

要求：

1）导入照片素材和背景。

2）在时间线上添加字幕。

3）导出视频。

▶▶▶ 单元小结

通过本单元的学习，熟练掌握素材的采集、分析和浏览；能够对素材进行加工处理，使其满足项目制作的需要；熟练掌握中文字体的输入。熟练掌握音频特效的设置；熟练掌握渲染输出影片、实时输出影片的基本方法。通过学习能够对素材进行加工处理，使其满足电视新闻采访制作的需要；熟练掌握中文字体的输入方法；熟练掌握音频特效的设置方法；熟练掌握渲染输出影片、实时输出影片的基本方法。通过本项目的学习，了解电视新闻采访的影视基础要求。

参 考 文 献

[1] 王志新，吴倩，马俊霞，等．影视编辑高手——Premiere Pro 2自学通典[M]．北京：清华大学出版社，2007．

[2] 曾全，尹小港．Premiere Pro影视编辑与制版[M]．北京：人民邮电出版社，2006．

[3] 胡晓冰．Adobe Premiere 5.x 实例教程[M]．北京：清华大学出版社，2001．

[4] 王琦．Premiere 6.0 高级视频编辑技术与实战指南[M]．北京：清华大学出版社，2002．

[5] 林波，方宁．Premiere Pro 2.0 影视编辑从新手到高手[M]．北京：清华大学出版社，2007．

[6] 杰诚文化．Premiere Pro 2.0 视频剪辑与特技108例[M]．北京：中国青年出版社，2007．

[7] 孟克难．Premiere Pro CS6 基础培训教程（中文版）[M]．北京：人民邮电出版社，2012．

[8] 亿瑞设计．Premiere Pro CS 5.5从入门到精通[M]．北京：清华大学出版社，2013．